ふるさと切手＋風景印
マッチングガイド ❷

切手男子も再注目!

古沢 保 著

2008-2011年発行「ふるさとの花」より

本書をお手に取ってくださった皆さんに

お陰様で昨年刊行の「切手女子も大注目！ ふるさと切手＋風景印マッチングガイド」という長〜いタイトルの本がご好評をいただき、続編刊行の運びとなりました。今回のキャッチフレーズは「切手男子も再注目！」。またノリで決めやがって…と呆れ顔の皆さん、ゴメンなさい。でも案外、真実を衝いた言葉ではないかとも思うのです。

そもそも切手と風景印を合わせて楽しむ「マッチング収集」に感度よく反応してくれたのは、便せんや封筒も合わせて楽しむお洒落な女性たちでした。それに誘われるように男性陣も目を向け始め、元切手少年も戻ってきたりして「再注目」となったわけです。だけどマッチング収集には男性脳を刺激する要素も多々あります。図案を隅々まで調べてマニアックな関連性を発見し、そのうんちくを語って悦に入る…なんともオヤジ趣味ではありませんか（私含む）。中には期間が短く稀少なマッチングがあるのも男心をそそります。それを裏付けるように、最近では私の講座やイベントにも男性が増えてきています。ツボは少し違いつつも、男女共通に楽しんでもらえるのがマッチング収集の良いところだなと感じるのです。

今回も素晴らしい写真の数々をご提供下さった田中敏彦さん＆奥様の久美子さん、ありがとうございました。まさに男女で楽しんでおられるコレクターの鑑です。風景印数をカウントして下さった武田聡さん、感謝です。図版を貸して下さった高橋由美子さんをはじめ、いつもアイデア満載のお便りを送って下さる風景印仲間の皆様もありがとうございます！

そうそう、前巻では「この本を作って旅に出たくなった」というようなことを気取って書きましたが、ええもちろん、その後も旅など出かけちゃおりません。貧乏暇なしは相変わらずです。けれど切手収集は以前より好きになった気がします。整理が苦手で、つくづく収集趣味は性に合わない私ですが、最近は風景印集印用の切手をストックブックに並べたり、戻ってきた郵頼を開封したりする瞬間にワクワクしている自分に気づくことがあります。小学生以来30年以上の収集歴の中で、今が一番切手収集を楽しんでるんじゃないか。これもマッチング収集の楽しさのなせる技なのか？ そんな気分も共有していただければ嬉しい限りです。

2015年４月　フリーライター　古沢保

もくじ

本書の使い方

❶本書は、2007年から2014年までに発行されたふるさと切手＊を、47都道府県別に原則として発行順に配置し、各切手にマッチングする代表的な風景印をご紹介しています。ただし、同じ題材の切手と風景印は一箇所にまとめ、わかりやすくしました。

＊2007年発行の四国八十八ヶ所の文化遺産シリーズのみ、前巻に収録。

❷切手と風景印のメインとなるマッチングのキーワードは ★姫路城 (❷- A) の形で示し、そこから派生する他のキーワードは〈コウノトリ〉(❷- B)の形で示しています。

❸切手の右肩には、「さくら日本切手カタログ」(公益財団法人 日本郵趣協会発行) の切手番号、切手名称、発行日を記しています。また、切手は原寸の65%で収録しました。

❷- A ❷- B

❶ 兵庫

★姫路城

R696c・近畿の城と風景［2007・6・1］ ❸

■ 姫路広畑
〒671-1121

■ 姫路市役所前
〒672-8049

❺- A ■ 姫路手柄 ❹
〒670-0965

〈コウノトリ〉 ▶P81 ❻

R825a・地方自治法施行60周年［2013・1・15］

■ 豊岡小田井
〒668-0022

■ 豊岡千代田
〒668-0032

■ 豊岡高屋
〒668-0064

■ 関連のマッチング例

R731b・旅の風景 第5集［2009・3・2］

〈二月堂〉

❺- B ■ 奈良東向
〒630-8214

❹切手とマッチングしている風景印には、使用郵便局名と郵便番号を示し、郵頼(郵送で風景印を依頼すること・前巻P74参照)ができるようになっています。

❺使用郵便局名の前の■は、ベストなマッチングを示し、■は関連のマッチングを示しています。

＊上の「姫路城」の例は、ご紹介したすべての風景印がベストのマッチング(■❺- A)ですが、左囲み内の「二月堂」の場合、風景印は東大寺二月堂ですが、切手は東大寺大仏殿の大仏なので、関連のマッチング(■❺- B)であることを示しています。

❻前巻のマッチングガイドでも、同じキーワードを取り上げている場合は、▶P81 などオレンジ色でそのページ数を示しています。前巻も併せてご利用ください。

＊局名の前に※の入っている局は季節限定局で、開局日も年毎に異なります。開局期間は日本郵政のHPでご確認ください。

＊本書では50円以上の切手に風景印が押されていますが、2014年４月の消費税増税で52円以上に変わりました(50円切手に２円切手を貼り足せば押印できます)。押印時の葉書料金が基準です。

北海道＋東北

雪の降る中、尻屋埼の放牧地で黙々と草を食む寒立馬（かんだちめ）。寒冷地に耐え、農用馬として重用されてきた。人懐っこく、間近に大きな顔を寄せてくる。寒立馬とその生息地は青森県の天然記念物に指定されている。
（扉の写真説明は撮影者の田中敏彦さん執筆）

2010年11月15日発行・ふるさと切手
地方自治法施行60周年・青森「寒立馬と尻屋埼灯台」
＋青森・岩屋局の風景印

	ふるさと切手発行種類数（2007～2014年）	風景印数（2015年3月末現在）
北海道	56種	876局
青森県	20種	220局
岩手県	13種	238局
宮城県	23種	221局
秋田県	33種	204局
山形県	13種	219局
福島県	6種	320局

※ふるさと切手発行種類数は、特定の都道府県と関わりのない「季節の花」シリーズを除いたものです。

北海道

★タンチョウ ▶P6

R693a・北の動物たち II［2007・5・1］

■ 生花
〒089-1881

R714a・地方自治法施行60周年［2008・7・1］

＊洞爺湖（P10）も参照

■ 阿寒
〒085-0299

■ 塘路
〒088-2299

■ 室蘭白鳥台
〒050-0054

〈雪の結晶〉▶P8

■ 旭川中央
〒070-8799

★エゾユキウサギ

R693b・北の動物たち II［2007・5・1］

■ ぬかびら源泉郷
〒080-1403

〈ナキウサギ〉

■ 旭川末広
〒071-8134

■ 屈足
〒081-0199

★エゾシカ ▶P8

R693d・北の動物たち II［2007・5・1］

■ 落合
〒079-2551

★ゴマフアザラシ ▶P9

R693e・北の動物たち II［2007・5・1］

■ えりも岬
〒058-0342

★ハマナス ▶P6

写真は石狩浜はまなすの丘と石狩灯台。

R712b・ふるさとの花第1集［2008・7・1］

■ 白神
〒049-1524

R713b・ふるさとの花第1集［2008・7・1］

R793gh・旅の風景 第12集［2011・5・30］

■ 渚滑
〒099-5199

■ 歌棄
〒048-0415

〈利尻山〉

■ 豊富
〒098-4110

〈鶴居村のタンチョウ〉

R772cd・ふるさと心の風景 第7集［2010・6・1］

★マッチング作品

シート地がちょうどタンチョウだったので、そこも有効活用して集印。

■ 鶴居
〒085-1299

〈釧路市のタンチョウ〉

R784i・旅の風景 第11集［2011・2・1］

■ 釧路駅前
〒085-0018

街灯にタンチョウの装飾が施されている。

鶴居・伊藤タンチョウサンクチュアリにて

R793a・旅の風景 第12集［2011・5・30］

■ 霧多布
〒088-1599

〈エゾマツ〉

R698・国土緑化［2007・6・22］

■ 幌延
〒098-3299

コラム 読者から寄せられた情報です

前巻で「マッチングが見つからなかった切手」の情報を募集したところ、北海道のyuaさんから情報をいただきました。

●R496北の島に咲く花「利尻山」 鬼脇局、沓形局など。

●R577北海道遺産Ⅰ「アイヌ模様」 平取局。

「リシリヒナゲシ」の背後に描かれていたのは地面ではなく利尻山だったのですね〜。

またCVDさんからは前巻P20、山形県の「久保桜」の欄に、過って福島県の「三春滝桜」の写真が入っているとご指摘いただきました。ありがとうございました。

本書に関しても引き続き情報をお待ちしております！

★アイヌ模様

R577・北海道遺産Ⅰ［2003・2・5］

★利尻山

R496・北の島に咲く花［2001・6・22］

■ 平取
〒055-0199

■ 沓形
〒097-0499

■ 鬼脇
〒097-0211

★五稜郭

R714b・地方自治法施行60周年［2008・7・1］

■ 函館北
〒041-8799

■ 函館白鳥
〒040-0082

■ 函館本通
〒041-0851

■ 函館中道
〒041-0853

■ 函館本町
〒040-0011

★マッチング作品

澁谷明子さんが旅先の函館から送ってくれた絵葉書の裏面を使って郵頼。全国のタワーをご家族で廻っておられます。

★美瑛

〈麦畑〉▶P10

R714c・地方自治法施行60周年［2008・7・1］

R772e・ふるさと心の風景 第7集［2010・6・1］

■ 美馬牛
〒071-0461

R772f・ふるさと心の風景 第7集［2010・6・1］

■ 美瑛
〒071-0299

R793b・旅の風景 第12集［2011・5・30］

■ 音更大通
〒080-0101

★マッチング作品

差出人は北海道の湯浅英樹さん。切手＋風景印＋駅スタンプの三拍子揃った美しい1枚。

マッチングの達人

湯浅英樹さん

湯浅さんの趣味は郵趣とマラソンの二本立て。フルマラソンで3時間以内の記録を持つ実力者で、週末ごとに全国各地を転戦。「東京人以上に東京に詳しい札幌人」と呼ばれています。中学生の頃からの収集仲間で、名刺カードでの集印や地域密着型の収集など、私も様々な影響を受けている収集の大先輩。美しい作品と整理術は見習いたいです。

■ 函館中央
〒040-8799

新緑の五稜郭。中央の白い建物が五稜郭タワー。
左の絵はがきは五稜郭タワーから撮影したもの。

★小樽運河

▶P12

R714e・地方自治法施行60周年［2008・7・1］

■ 小樽堺町
〒047-0027

R772j・ふるさと心の風景 第7集［2010・6・1］

R784cd・旅の風景 第11集［2011・2・1］

■ 小樽駅前
〒047-0032

■ 小樽稲穂
〒047-0032

■ 小樽
〒047-8799

★網走

R722c・ふるさと心の風景 第3集［2008・11・4］

切手に描かれているのは釧網本線の北浜駅。

■ 網走駅前
〒093-0046

★ジャガイモの花

▶P11

R738b・ふるさと心の風景 第5集［2009・6・23］

■ 美生
〒082-0076

★石狩

R772gh・ふるさと心の風景 第7集［2010・6・1］

■ 石狩花川南八条
〒061-3208

★稚内

R772i・ふるさと心の風景 第7集［2010・6・1］

■ 声問
〒098-6642

★さっぽろ雪まつり

R784a・旅の風景 第11集［2011・2・1］

〈大通公園〉

■ 札幌大通
〒060-0042

★旭山動物園のペンギン

R784b・旅の風景 第11集［2011・2・1］

■ 旭山動物園前
〒078-8203

★洞爺湖

R784e・旅の風景 第11集［2011・2・1］

■ 洞爺
〒049-5899

★函館ハリストス正教会

▶P13

R784f・旅の風景 第11集［2011・2・1］

教会の
頭です

■ 函館元町
〒040-0054

★知床連山

R784g h・旅の風景 第11集［2011・2・1］

■ 羅臼
〒086-1899

■ 斜里
〒099-4199

★流氷

▶P9

R784j・旅の風景 第11集［2011・2・1］

■ 網走北六条
〒093-0076

★さっぽろ羊ヶ丘展望台

▶P12

R793e・旅の風景 第12集［2011・5・30］

■ 東月寒
〒062-0051

★マッチング作品

同じく湯浅英樹さんより。
青空で良かったですね！

■ 札幌西岡
〒062-0034

★ナイタイ高原牧場

R793f・旅の風景 第12集［2011・5・30］

■ 上士幌
〒080-1499

R802e・旅の風景 第13集[2011・9・9]

■ 虻田
〒049-5699

R802f・旅の風景 第13集[2011・9・9]

■ 洞爺温泉
〒049-5721

★マッチング作品

同じく湯浅英樹さんから。私は右端に木が立っている構図を意識して f の切手を洞爺温泉局にしましたが、やはり連刷で使った方が図案が映える切手です。

★ラベンダー畑 ▶ P 10

R793cd・旅の風景 第12集[2011・5・30]

■ 上富良野
〒071-0599

■ 中富良野
〒071-0752

★マッチング作品

葉書裏面のラベンダーもご自分で撮影。いつも美しい葉書をありがとうございます！

★東藻琴芝桜公園 ▶ P8

R793ij・旅の風景 第12集[2011・5・30]

■ 滝上
〒099-5699

■ 濁川
〒099-5541

公式名は「ひがしもこと芝桜公園」。
写真は初夏で、ところどころ白く見えるのは白い芝桜。

★大雪山

大雪山の雄姿

R802a・旅の風景 第13集［2011・9・9］

■ 層雲峡
〒078-1701

■ 上川
〒078-1744

★摩周湖 ▶P14

R802b・旅の風景 第13集［2011・9・9］

■ 弟子屈
〒088-3299

■ 美留和
〒088-3399

■ 川湯
〒088-3499

★札幌市時計台 ▶P12

R802d・旅の風景 第13集［2011・9・9］

■ 札幌中央
〒060-8799

★マッチング作品

近代洋風建築シリーズのMC（マキシマムカード）を使って。淡かったカードに赤い切手がアクセントになりました。

★能取湖

R802h・旅の風景 第13集［2011・9・9］

卯原内局にはオホーツク海に面した能取岬が描かれている。

■ 卯原内
〒093-0135

〈岩木山とサクラ〉 ▶P15

R828a・ふるさとの祭 第9集［2013・3・22］

■ 弘前青山
〒036-8062

■ 弘前本町
〒036-8211

■ 弘前亀甲町
〒036-8333

★ストーブ列車

R722a・ふるさと心の風景 第3集［2008・11・4］

■ 五所川原北
〒037-0064

★青森ねぶた祭 ▶P14

■ 青森県庁内
〒030-0861

★北海道庁旧本庁舎 ▶ P6

R802c・旅の風景 第13集［2011・9・9］

■ 北海道庁赤れんが前
〒060-0002

■ 北海道庁内
〒060-0003

★マッチング作品

西川恵さんご夫婦の旅先からの１枚。風景印は図案をマイナーチェンジする前の旧印。裏面ギッシリのお便りから旅の楽しさが伝わります！

■ 札幌北大病院前
〒060-0814

青森

★奥入瀬渓流 ▶ P15

R699a・東北の景勝地［2007・7・2］

■ 奥瀬
〒034-0399

★弘前城とサクラ ▶ P15

R699b・東北の景勝地［2007・7・2］

■ 弘前富田
〒036-8174

R781b・地方自治法施行60周年［2010・11・15］

■ 弘前松原
〒036-8155

R828b・ふるさとの祭 第9集［2013・3・22］

■ 弘前城南
〒036-8232

R798ab・ふるさとの祭 第7集［2011・8・2］

■ 青森港町
〒030-0901

R798cd・ふるさとの祭 第7集［2011・8・2］

■ 青森橋本
〒030-0823

■ 青森新町
〒030-0803

勇壮なねぶた

R798ef・ふるさとの祭 第7集［2011・8・2］

■ 青森中央
〒030-8799

★マッチング作品

湯浅さんは青森にも遠征します。というか、日本中どこへでも行ってしまいます（笑）。

■ 青森佃
〒030-0962

★三社大祭

R781c・地方自治法施行60周年［2010・11・15］

★マッチング作品

こちらも湯浅さんから。大きな駅スタンプをくっきり押す技術にも感服です。

三社大祭の山車より
「明暦の大火振袖火事」
山車から煙が…！

■ 八戸中央通
〒031-0089

★レールバス

R782gh・ふるさと心の風景 第8集［2010・12・1］

旧南部縦貫鉄道七戸駅に動態保存されているレールバス

■ 七戸
〒039-2599

★リンゴノハナ ▶P14

R785b・ふるさとの花 第9集［2011・2・8］

■ 森田
〒038-2899

R781a・地方自治法施行60周年［2010・11・15］

〈青森ねぶた祭〉

■ 青森金沢
〒030-0853

■ 青森古川一
〒030-0862

〈弘前ねぷたまつり〉

■ 弘前堅田
〒036-8021

■ 弘前
〒036-8799

■ 弘前末広
〒036-8085

■ 弘前笹森町
〒036-8342

〈リンゴ〉 ▶P14

■ 藤崎
〒038-3899

■ 水元
〒038-3542

★十和田湖

R781d・地方自治法施行60周年［2010・11・15］

■ 十和田湖
〒018-5599

★マッチング作品

1983年発行のエコー葉書が手元にあったので約30年ぶりに復活させてみました。

★寒立馬と尻屋埼灯台

R781e・地方自治法施行60周年［2010・11・15］

■ 岩屋
〒035-0113

岩手

R786b・ふるさとの花第9集［2011・2・8］

■ 樽沢
〒038-1342

★中尊寺金色堂

▶P16

R699c・東北の景勝地［2007・7・2］

■ 平泉
〒029-4199

〈金色堂とハス〉

R806a・地方自治法施行60周年［2011・11・15］

■ 中尊寺
〒029-4102

〈浄法寺漆〉

R806e・地方自治法施行60周年［2011・11・15］

二戸市浄法寺町の浄法寺漆は中尊寺金色堂などの修理修復に使用されている。

★浄土ヶ浜

R806d・地方自治法施行60周年［2011・11・15］

■ 宮古
〒027-8799

〈スカシユリ〉

R699d・東北の景勝地［2007・7・2］

スカシユリは別名
ハマユリとも呼ぶ。

■ 釜石鈴子
〒026-0031

■ 普代
〒028-8399

■ 松倉
〒026-0055

★石割桜 ▶P17

R806b・地方自治法施行60周年［2011・11・15］

■ 岩手県庁内
〒020-0023

★蔵王のお釜

＊山形県（P22）も参照

R699f・東北の景勝地［2007・7・2］

■ 円田
〒989-0899

■ 遠刈田
〒989-0999

★仙台七夕まつり ▶P19

R716ab・ふるさとの祭 第1集［2008・8・1］

■ 仙台中央
〒980-8799

R756g・旅の風景 第7集［2010・1・29］

■ 仙台中央三
〒980-0021

★仙台城と伊達家

R756c・旅の風景 第7集［2010・1・29］

■ 仙台中
〒980-8711

〈伊達政宗〉

R756d・旅の風景 第7集［2010・1・29］

■ 若林
〒984-8799

R832a・地方自治法施行60周年［2013・5・15］

■ 仙台川内
〒980-0861

■ 仙台八木山本町
〒982-0801

〈慶長遣欧使節船〉

ヨーロッパに
渡ったでござるか？

■ 渡波
〒986-2199

サン・フアン館
宮城県慶長使節船
ミュージアム

★早池峰神楽

R806c・地方自治法施行60周年［2011・11・15］

■ 大迫
〒028-3299

宮城

★松島 ▶P18

R756ab・旅の風景 第7集［2010・1・29］

R699e・東北の景勝地［2007・7・2］

■ 松島海岸
〒981-0213

■ 吉田浜
〒985-0802

■ 松島
〒981-0299

〈ナノハナ〉

■ 浦戸
〒985-0199

R832c・地方自治法施行60周年［2013・5・15］

■ 仙台中
〒980-8711

★ミヤギノハギ ▶P16

R739c・ふるさとの花 第4集［2009・7・1］

■ 若林
〒984-8799

R740c・ふるさとの花 第4集［2009・7・1］

■ 仙台宮城野
〒983-0044

■ 仙台八幡町
〒980-0871

■ 仙台茂庭台
〒982-0252

〈瑞鳳殿〉

R756h・旅の風景 第7集［2010・1・29］

瑞鳳殿は伊達政宗の霊廟。P18の輪王寺には政宗の八男・竹松丸の墓などがあります。

■ 仙台米ケ袋
〒980-0813

■ 仙台向山
〒982-0841

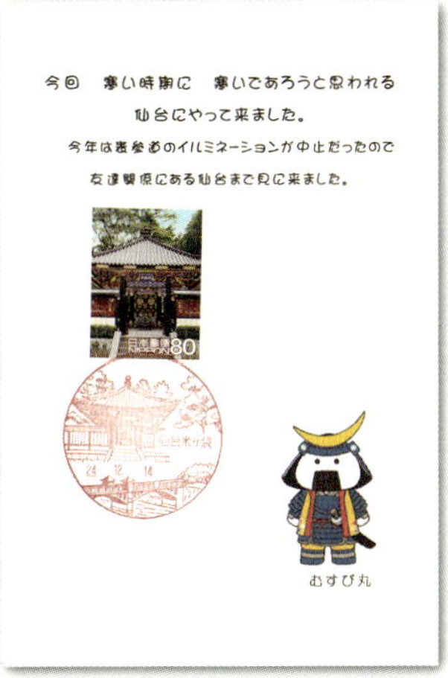

今回　寒い時期に　寒いであろうと思われる
仙台にやって来ました。
今年は表参道のイルミネーションが中止だったので
友達関係にある仙台まで見に来ました。

★マッチング作品

表参道にお住いの鈴木均さん、定禅寺通りのイルミネーションを見に行かれたのですね（P18 R832eの切手参照）。むすび丸は宮城観光PRキャラクター。

〈輪王寺〉

R756i・j・旅の風景 第7集［2010・1・29］

■ 仙台北山
〒981-0932

■ 仙台荒巻
〒981-0965

★定禅寺通りケヤキ並木 ▶P18

R756f・旅の風景 第7集［2010・1・29］

■ 仙台立町
〒980-0822

R832e・地方自治法施行60周年［2013・5・15］

■ 仙台立町
〒980-0822

秋田

★男鹿半島 ▶P19

R699g・東北の景勝地［2007・7・2］

■ 下浜
〒010-1599

★鳥海山

R699h・東北の景勝地［2007・7・2］

＊山形県（P22）も参照

■ 小出
〒018-0435

■ 仁賀保
〒018-0499

■ 湯沢清水町
〒012-0034

★秋田杉

R706・第62回国民体育大会［2007・9・3］

■ 響
〒018-3113

★ジュンサイ採り

R710a・ふるさと心の風景 第1集［2008・5・2］

■ 森岳
〒018-2399

★森吉山

R711a・国土緑化［2008・6・13］

■ 阿仁合
〒018-4699

R711b・国土緑化［2008・6・13］

■ 前田
〒018-4599

■ 米内沢
〒018-4399

■ 比立内
〒018-4799

■ 下小阿仁
〒018-4263

★こけし

R782j・ふるさと心の風景 第8集［2010・12・1］

伝統的なこけし

■ 白石
〒989-0299

■ 白石駅前
〒989-0243

★栗駒山とサクラ

R832b・地方自治法施行60周年［2013・5・15］

〈栗駒山〉

■ 栗駒
〒989-5399

■ 東佐沼
〒987-0511

■ 瀬峰
〒989-4512

★鳴子峡

R832d・地方自治法施行60周年［2013・5・15］

■ 鳴子
〒989-6899

コラム

ラグビー印を求めて

できれば切手の発売県でマッチング印を見つけたいのがコレクターの性ですが、難しいのはスポーツ図案の国体切手。ラグビーの風景印も秋田県内には無く、でも珍しい漫画切手なので（原画は秋田県出身の漫画家・奥田ひとしさん）何か押したいと探したところ、大阪の花園ラグビー場周辺などで見つかりました。本当は東大阪長栄寺局の方が漫画っぽいのですが、押印状態がイマイチだったため、こちらを掲載。

■ 羽後金沢
〒013-0812

■ 上岩川
〒018-2101

★ラグビー

■ 河内
〒578-8799

★三階の滝

R711j・国土緑化［2008・6・13］

■ 米内沢
〒018-4399

★フキノトウ

▶P18

R723c・ふるさとの花 第2集［2008・12・1］

■ 仁井田
〒010-1499

R724c・ふるさとの花 第2集［2008・12・1］

■ 秋田駅前
〒010-0001

■ 秋田通町
〒010-0921

★大曲の花火 ▶ P19

R774ab・ふるさとの祭 第5集［2010・7・1］

■ 大曲駅前
〒014-0027

R774cd・ふるさとの祭 第5集［2010・7・1］

■ 大曲田町
〒014-0046

★なまはげ ▶ P19

R808a・地方自治法施行60周年［2012・1・13］

■ 入道崎
〒010-0675

泣く子は
いねがー

■ 男鹿中
〒010-0663

■ 男鹿
〒010-0599

★マッチング作品

フォルムカードには興味が無かったのですが、マッチングを意識したら欲しいカードがどんどん出て来て困っています…。

★角館の武家屋敷とサクラ

R808c・地方自治法施行60周年［2012・1・13］

▶ P18

■ 角館
〒014-0399

雪の中のたつこ像

★田沢湖とたつこ像

R808d・地方自治法施行60周年［2012・1・13］

■ 田沢湖
〒014-1299

〈田沢湖〉

■ 田沢
〒014-1204

「たつこ像」は若さと美しさを永遠に保ちたいと願い、龍になってしまった娘の伝説にちなむものです。

R774ef・ふるさとの祭 第5集［2010・7・1］

R774g・ふるさとの祭 第5集［2010・7・1］

R774h・ふるさとの祭 第5集［2010・7・1］

R774ij・ふるさとの祭 第5集［2010・7・1］

■ 大曲栄町
〒014-0061

■ 大曲
〒014-8799

〈白瀬 矗〉

■ 金浦
〒018-0311

コラム

究極の県外マッチング！

南極探検で有名な白瀬矗。出身地の金浦局には白瀬南極探検隊記念館と偉功碑が描かれていますが、彼の名が付いた南極観測船しらせ船内局の風景印もあります。１４００㎞を隔てた、これぞ究極の県外マッチング！　県内印にこだわっている方も、これならＯＫでは？　毎年10月に２週間程度しか引受期間がないので、次のチャンスには忘れずに郵頼したいところです（急にこの切手での郵頼が増えたりして・笑）。

※■ しらせ船内

★康楽館

R808b・地方自治法施行60周年［2012・1・13］

■ 小坂
〒017-0299

★横手のかまくら ▶P19

R808e・地方自治法施行60周年［2012・1・13］

■ 横手
〒013-8799

■ 旭
〒013-0065

★マッチング作品

そんな訳で各地のお便り仲間から届いたフォルムカードの図案面を使って集印中。仲間の皆さん、ありがとうございます！

■ 横手駅前
〒013-0036

山形

★蔵王のお釜とコマクサ

＊宮城県（P16）も参照

R699f・東北の景勝地［2007・7・2］

■ 村山中川
〒999-3115

〈蔵王のお釜〉

■ 上山
〒999-3199

■ 上山旭町
〒999-3106

〈コマクサ〉

■ 蔵王温泉
〒990-2301

■ 金井
〒990-2313

★鳥海山

R699h・東北の景勝地［2007・7・2］

＊秋田県（P18）も参照

■ 酒田
〒998-8799

■ 飛島
〒998-0299

■ 浜中
〒998-0112

★鶴岡市の多層民家

R782i・ふるさと心の風景 第8集［2010・12・1］

■ 大網
〒997-0531

■ 鶴岡陽光町
〒997-0827

★最上川とサクランボ

▶P21

R848a・地方自治法施行60周年［2014・5・14］

〈サクランボ〉

■ 天童
〒994-8799

■ 柴橋
〒991-0063

■ 出羽
〒990-2161

★羽黒山五重塔

R848b・地方自治法施行60周年［2014・5・14］

〈羽黒山・出羽神社〉

■ 羽前泉
〒997-0126

福島

福島県側の尾瀬ヶ原から望む燧ヶ岳

★尾瀬とミズバショウ

▶P23

R699i・東北の景勝地［2007・7・2］

＊群馬県（P28）も参照

■ 田島
〒967-8799

★ネモトシャクナゲ

▶P20

R712c・ふるさとの花 第1集［2008・7・1］

■ 岳温泉
〒964-0074

★ベニバナ

▶ P20

R712d・ふるさとの花第1集［2008・7・1］

■ 山形駅前
〒990-0039

R713d・ふるさとの花第1集［2008・7・1］

■ 村山高瀬
〒990-2232

R699j・東北の景勝地［2007・7・2］

〈月山と最上川〉

▶ P21

■ 山形諏訪
〒990-0033

■ 山形五日町
〒990-2495

■ 左沢
〒990-1199

★伊佐沢の久保桜

▶ P20

R848c・地方自治法施行60周年［2014・5・14］

■ 伊佐沢
〒993-0021

★林家舞楽

R848d・地方自治法施行60周年［2014・5・14］

■ 河北
〒999-3599

★新庄まつり

R848e・地方自治法施行60周年［2014・5・14］

■ 新庄大町
〒996-0026

■ 新庄駅前
〒996-0023

R713c・ふるさとの花第1集［2008・7・1］

■ 棚倉
〒963-6199

■ 福島三河町
〒960-8054

■ 相川
〒969-4107

■ 福島泉
〒960-8253

★キリ

▶ P17

R782ab・ふるさと心の風景 第8集［2010・12・1］

■ 宮下
〒969-7599

■ 西方
〒969-7401

ふるさと切手考①

「ふるさと心の風景」と風景印が意外にアンマッチな理由

完全にマッチするのは半数以下

民営化後のふるさと切手で初の大型シリーズとなった「ふるさと心の風景」。原田泰治さんが「ナイーブアート」という抒情的なタッチで全国各地を描いており、私も大好きなシリーズです。風景印のマッチングにも使えそうと、ワクワクしながら発行を見守っていました。

ところがいざ調査してみると、意外にもマッチする風景印が少ないのです。具体的に数値を挙げてみると、全10集で100種類発行されたうち、本書ではマッチングのある切手58種、ない切手42種としています。58種には関連図案も含んでいるので、完全にマッチする印は半数以下。想像以上に少ない数字ではありませんか？

理由を考えて思い当たったのは、原田さんの絵が「特別でない日常の風景を描いた」ものが多いこと。それは「小さなスーパー」や「雪かき」といったタイトルを見ても分かり、そんな住民の生活に溶け込んだ特別でない光景は、風景印の題材には選ばれにくいからです。また群馬県昭和村でアジサイを描いた「雨に咲く花」という絵が第5集にありますが、昭和村は特にアジサイの名所ではなく、村花でもありません。つまりこのシリーズは原田さんが目撃して美しいと感じた光景を描いたある意味個人的な切手で、「その地域の名所だから入れる」という常識には囚われていません。こうしたことが、風景印とのマッチ度が高くない原因だと思います。

本書オリジナルのオススメ風景印

一方で日本郵政は、このシリーズに関して大きく風景印を意識してもいたようです。というのは、当シリーズには「ふるさと切手帳」という解説書が発行され、該当地の風景印を掲載し、押印スペースまで用意していたからです。ただし単に絵の近隣局というだけで、図案的なマッチは意識していない風景印が多いです。恐らく日本郵政の担当者も、解説書を編集してみて「案外マッチしないな」と私同様の思いを抱いたのではないでしょうか。だからというわけでもないでしょうが、「ふるさと切手帳」は第6集までで終了し、残り4集分は発行されていません。

ふるさと切手帳。切手の解説のみならず、関連の風景印も紹介している。

R717i・ふるさと心の風景 第2集「小さなスーパー」［2008・9・1］

R738a・ふるさと心の風景 第5集「雨に咲く花」［2009・6・23］

ちなみに私もこの切手帳を参考にしましたが、本書ではよりマッチしていると感じた風景印を選んでいます。代表的なものでは

①第1集岐阜県「夕涼み」P59
切手帳：郡上八幡局⇩本書：明宝局
（切手と同じ吉田川で釣り風景を描いている）

②第1集滋賀県「夕日の湖」P66
切手帳：安土局⇩本書：近江八幡出町局
（切手と同じ西の湖地区で小舟を描いている）

③第2集富山県「黄金色の里」P52
切手帳：砺波局⇩本書：油田局
（切手と同じ散居村の家屋を描いている）

④第2集群馬県「こんにゃく畑」P28
切手帳：沼田駅前局⇩本書：本宿局
（地域は違うがこんにゃく玉を描いている）

いかにも中途半端な幕切れ

特に⑤第3集青森県「ストーブ列車」P12は、原田さんが旧中里町を描いたということで切手帳では中里局を掲載していましたが、肝心のストーブ列車は描かれていません。でも私がしつこくストーブ列車の沿線を探したところ、見事五所川原北局の風景印に見つかったのです！何だか自慢めいてきましたが、名もないような場所を描いているだけに、マッチング印を捜索する醍醐味の大きいシリーズでもありました。

しかしシリーズ自体が夏秋冬春、花、祭のテーマで発行した後、北海道、東北、関東と来て、甲信越でいきなり終了しているのは疑問なところです。せめて南端の沖縄まで行ってキリよく終わってほしかったものです。

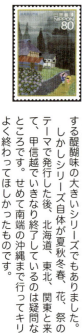

関東＋東京

甲府盆地は果樹栽培が盛んで、果物に関連した切手や風景印がいくつもある。フルーツパーク富士屋ホテルの入口にはモモ型ポストがあり、投函すると山梨局のモモ型変形風景印(P39)が押されて配達される。

	ふるさと切手発行種類数 (2007～2014年)	風景印数 (2015年3月末現在)
茨城県	11種	213局
栃木県	10種	117局
群馬県	13種	115局
埼玉県	11種	275局
千葉県	21種	269局
神奈川県	21種	448局
山梨県	16種	82局
東京都	88種	650局

2007年4月2日発行・ふるさと切手山梨版
山梨の風物Ⅱ「勝沼ぶどう郷とぶどう」
＋山梨・勝沼局の風景印

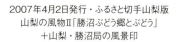

茨城

★ハマナス

R694b・関東花だより［2007・5・1］

■ 荒井
〒311-2203

〈鹿島灘〉

■ 別所
〒314-0408

■ 大洗祝町
〒311-1301

★霞ヶ浦と筑波山

R717h・ふるさと心の風景第2集［2008・9・1］

〈霞ヶ浦と帆引き船〉▶ P 27

R752d・地方自治法施行60周年［2009・11・4］

■ 玉造
〒311-3599

■ 北浦
〒311-1799

★徳川光圀 ▶ P 27

帰ってきましたぞ

R752c・地方自治法施行60周年［2009・11・4］

■ 水戸市役所前
〒310-0805

■ 水戸大工町
〒310-0031

■ 水戸東原
〒310-0035

■ 水戸米沢
〒310-0836

R456・偕楽園（中門・夏）［2001・2・1］

水戸駅前
（廃印）

材が廃印になる場合は、こんな風に近隣の局と連携して引き継いでくれると嬉しいですね。

★苗畑

R787ab・ふるさと心の風景第9集［2011・3・1］

〈スギ〉

苗畑はスギやヒノキなどの苗木を育てる畑で、やがて山に植林する。

■ 中里
〒311-0499

栃木

★那須連山

R694d・関東花だより［2007・5・1］

■ 板室温泉
〒325-0111

■ 西那須野狩野
〒329-2748

〈カタクリ〉

■ 佐野
〒327-8799

■ 氏家
〒329-1399

〈筑波山〉 ▶ P 26・27

R752a・地方自治法施行60周年［2009・11・4］

■ 牛堀
〒 311-2436

■ 美浦
〒 300-0412

■ 筑波学園
〒 305-8799

★袋田の滝 ▶ P27

R752b・地方自治法施行60周年［2009・11・4］

■ 大子袋田
〒 319-3523

冬の袋田の滝（凍結時）

コラム 帰ってきた助さん格さん

黄門様（徳川光圀）の風景印の中でも人気が高いのが、水戸市役所前局の助さん格さん３人揃い。実はこの題材、２０１４年２月28日までは水戸駅前局で使われており、水戸市役所前局は市庁舎の図案でした。水戸駅前局が廃局になり、もったいないと思っていたところ、同年７月１日に水戸市役所前局の図案が３人揃いに改正されました。私と同じく残念に思っていた地元の方が、改正を提案したのか？　助さんと格さんが帰って来て粋な計らいです。地元のシンボル的な題

★バラ ▶ P 26

R785a・ふるさとの花第9集［2011・2・8］

■ 土浦都和
〒 300-0061

R786a・ふるさとの花第9集［2011・2・8］

■ 小幡
〒 315-0155

〈那須高原〉

R821e・地方自治法施行60周年［2012・10・15］

■ 那須
〒 325-0399

■ 黒田原
〒 329-3299

★ヤシオツツジ ▶ P 26

R727b・ふるさとの花第3集［2009・2・2］

■ 足利西
〒 326-0199

R728b・ふるさとの花第3集［2009・2・2］

■ 小木須
〒 321-0614

■ 鶴田駅前
〒 321-0151

■ 矢板
〒 329-2199

★日光東照宮陽明門

R821a・地方自治法施行60周年［2012・10・15］

■ 日光
〒321-1499

★マッチング作品

大型で迫力があって大好きな第２次国宝シリーズのMCと合わせました。

★足利学校 ▶P28

R821b・地方自治法施行60周年［2012・10・15］

■ 足利
〒326-8799

群馬

群馬県側の尾瀬ヶ原から望む至仏山

★尾瀬とミズバショウ ▶P28

R694c・関東花だより［2007・5・1］

＊福島県（P22）も参照

■ 片品
〒378-0499

■ 沼田駅前
〒378-0031

■ 尾瀬花の谷
〒378-0415

★コンニャク畑

R717d・ふるさと心の風景 第2集［2008・9・1］

■ 本宿
〒370-2625

★富岡製糸場

R837a・地方自治法施行60周年［2013・7・12］

■ 富岡
〒370-2399

〈織物〉

頑張って紡いでね

■ 桐生
〒376-8799

★吹割の滝 ▶P28

R837d・地方自治法施行60周年［2013・7・12］

■ 追貝
〒378-0399

★野反湖

R837e・地方自治法施行60周年［2013・7・12］

六合局の花はツツジで切手のノゾリキスゲではありません。

■ 六合
〒377-1704

★きぶな

きぶなは宇都宮市の郷土玩具。

R821c・地方自治法施行60周年［2012・10・15］

■ おもちゃのまち
〒321-0202

★真岡鐵道ＳＬ

R821d・地方自治法施行60周年［2012・10・15］

■ 真岡荒町
〒321-4305

■ 真岡
〒321-4399

■ 芳賀山前
〒321-4321

切手のSLはC12、
風景印と写真のSLはC11。

群馬県の名産であるコンニャク玉の風景印を選んでいます。

■ 下仁田
〒370-2699

■ 一ノ宮
〒370-2499

★レンゲツツジ ▶ P29

R768c・ふるさとの花第8集［2010・4・30］

■ 六合
〒377-1704

R769c・ふるさとの花第8集［2010・4・30］

■ 木崎
〒370-0399

R837b・地方自治法施行60周年［2013・7・12］

■ 三原
〒377-1599

埼玉

★長瀞 ▶ P30

R694a・関東花だより［2007・5・1］

■ 長瀞
〒369-1399

★マッチング作品

フォルムカードで葉書50円時代のうちにマッチング。

★川越市・時の鐘

R710b・ふるさと心の風景
第1集［2008・5・2］

1894年
建造です

■ 川越砂
〒350-1133

★マッチング作品

集友が送ってくれた絵葉書。切手と似た角度で描かれています。

■ 川越
〒350-8799

■ 川越元町
〒350-0062

■ 川越六軒町
〒350-0041

■ 川越問屋町
〒350-0856

★サクラソウ

▶P28

R785c・ふるさとの花
第9集［2011・2・8］

R786c・ふるさとの花
第9集［2011・2・8］

■ さいたま中央
〒336-8799

■ 埼玉県庁内
〒330-0063

★埼玉スタジアム2002

R853b・地方自治法施行60周年
［2014・10・8］

■ 美園
〒336-0963

秩父夜祭と花火

★歓喜院聖天堂

R853d・地方自治法施行60周年
［2014・10・8］

★マッチング作品

同じく田中さんから送ってもらった絵葉書。
聖天堂の腰羽目に施された彫刻の写真です。

■ 妻沼
〒360-0204

★埼玉古墳群

R853e・地方自治法施行60周年
［2014・10・8］

〈稲荷山古墳〉

■ 行田
〒361-8799

〈渋沢栄一〉

R853a・地方自治法施行60周年［2014・10・8］

■ 深谷大寄
〒366-0837

■ 日本ビル内
〒100-0004

★マッチング作品

家にあったエコーはがきで。渋沢栄一の銅像が描かれた日本ビル内局と県またぎでコラボ。

日本橋常盤橋公園の渋沢栄一像

★秩父夜祭 ▶P30

R853c・地方自治法施行60周年［2014・10・8］

■ 秩父上町
〒368-0035

■ 秩父
〒368-8799

■ 秩父中村
〒368-0051

★マッチング作品

田中聡美さんが送ってくれた絵葉書を活用して夜祭当日に郵頼しました。

千葉

★洲埼灯台

R694e・関東花だより［2007・5・1］

■ 西岬
〒294-0305

〈房総フラワーライン〉

■ 布良
〒294-0299

〈南房総の花畑〉

R738i・ふるさと心の風景
第5集［2009・6・23］

■ 神戸
〒294-0226

■ 和田
〒299-2799

■ 千倉
〒295-8799

★ナノハナ
▶ P30

マザー牧場（千葉県）のナノハナ

R754b・ふるさとの花 第5集［2009・12・1］

R755b・ふるさとの花 第5集［2009・12・1］

■ 千葉中央
〒260-8799

★千葉マリンスタジアム

R778a・第65回国民体育大会［2010・9・24］

■ 美浜
〒261-8799

★成田山新勝寺

R835a・旅の風景 第18集［2013・6・25］

■ 成田
〒286-8799

★水郷佐原

R835b・旅の風景 第18集［2013・6・25］

■ 佐原
〒287-8799

★千葉ポートタワー

R835c・旅の風景 第18集［2013・6・25］

■ 千葉中央
〒260-8799

鋸山ロープウェー

★月の沙漠

王子と姫です

R835g・旅の風景 第18集［2013・6・25］

■ 御宿
〒299-5199

★犬吠埼灯台

R835j・旅の風景 第18集［2013・6・25］

■ 銚子
〒288-8799

■ 外川
〒288-0014

★千葉県総合スポーツセンター陸上競技場

R778e・第65回国民体育大会［2010・9・24］

R778b・第65回国民体育大会［2010・9・24］

■ 千葉あやめ台
〒263-0052

★マッチング作品

北海道の湯浅さんが千葉に遠征。幕張本郷駅のスタンプにもスタジアム。

★鋸山ロープウェー

R835d・旅の風景 第18集［2013・6・25］

■ 金谷
〒299-1861

★養老渓谷

▶P32

R835f・旅の風景 第18集［2013・6・25］

■ 大多喜
〒298-0299

■ 西畑
〒298-0272

デザイナーの嘉藤雅子さんが自作の絵葉書で送ってくれました。

★マッチング作品

★マッチング作品

中段の葉書と同様、嘉藤さんの絵葉書、石堀由麻さんの消しゴムはんこ、若林正浩さんの運転による合作です！

マッチングの達人

石堀由麻さん

〝青雀堂ボリ〟というペンネーム(?)で愛される消ゴムはんこのスペシャリスト。消はんと風景印をコラボしたユニークな絵手紙などを制作。目の前でボリボリと彫ってくれるハンコのクオリティの高さには驚かされます。郵政博物館をはじめ、各地で消はんのワークショップを行っているほか、フリマやギャラリーなどにも出展しています。ボリさん作のはんこが置いてある郵便局もあり、詳しくはブログ「手紙屋青雀堂の絵日記」まで。

神奈川

★ヤマユリ

▶P32

R712a・ふるさとの花第1集［2008・7・1］

■横須賀
〒238-8799

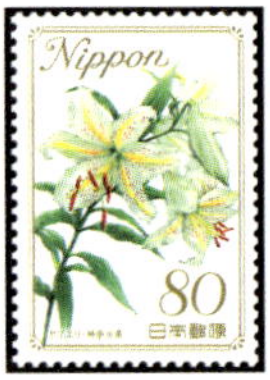

R713a・ふるさとの花第1集［2008・7・1］

R771e・国土緑化［2010・5・21］

★横浜山手西洋館

R717b・ふるさと心の風景第2集［2008・9・1］

横浜のカトリック山手教会

★カワラナデシコ

▶P35

R771a・国土緑化［2010・5・21］

■平塚西
〒259-1299

★スギ

R771b・国土緑化［2010・5・21］

■青野原
〒252-0161

★イロハモミジ

R771d・国土緑化［2010・5・21］

■芦ノ湯
〒250-0523

■津久井
〒252-0157

★イチョウ

R771h・国土緑化［2010・5・21］

■鎌倉
〒248-8799

■横浜泉
〒245-8799

★鶴岡八幡宮と流鏑馬

▶P32

R817a・地方自治法施行60周年［2012・7・13］

■鎌倉雪ノ下
〒248-0005

R787j・ふるさと心の風景
第9集［2011・3・1］

■ 石川町駅前
〒231-0868

★箱根大名行列

R749ab・ふるさとの祭 第3集［2009・10・1］

下にィ
下に！

■ 箱根湯本
〒250-0399

■ 箱根強羅
〒250-0408

★シラカシ

R771f・国土緑化［2010・5・21］

■ 宮前
〒216-8799

★スダジイ

R771g・国土緑化［2010・5・21］

■ 横浜瀬谷西
〒246-0036

■ 瀬谷
〒246-8799

★マッチング作品

鈴木邦彦さんから届いた歌川広重の浮世絵葉書。風景印はどちらも大名行列は描かれていませんが、こんなふうに箱根の峠を越えたのだろうな…というイメージで。

★みなとみらい21 ▶ P35

★マッチング作品

高橋由美子さんから届いた絵葉書。馬の向きも一緒の見事なトリプルマッチです。

R817b・地方自治法施行60周年［2012・7・13］

■ 横浜港南二
〒233-0003

■ 横浜間門
〒231-0827

■ 神奈川
〒221-8799

★マッチング作品

ポスタコレクト（P56参照）のシルエット葉書は余白が多いので風景印集印にうってつけです。

★城ヶ島灯台

R817c・地方自治法施行60周年［2012・7・13］

ここにいます！

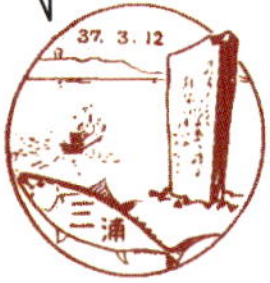

■ 三浦
〒238-0299

■ 三浦三崎
〒238-0243

★マッチング作品

城ヶ島の白秋記念館で購入した絵葉書に集印。風景印の左上に小さ～く灯台が見えています。

★丹沢と宮ヶ瀬湖

R817d・地方自治法施行60周年［2012・7・13］

半原局には宮ケ瀬湖から連なる宮ケ瀬ダムが描かれている。

■ 半原
〒243-0307

山梨

八ヶ岳を背景にした「神田の大糸桜」（北杜市小淵沢町）

★八ヶ岳 ▶P38

R690a・山梨の風物II［2007・4・2］

■ 小泉
〒408-0031

★ブドウ ▶P36

R690b・山梨の風物II［2007・4・2］

■ 勝沼
〒409-1399

★富士山 ▶P36

R690d・山梨の風物II［2007・4・2］

R807cd・ふるさと心の風景 第10集［2011・12・1］

R807i・ふるさと心の風景 第10集［2011・12・1］

〈富士山とブドウ〉▶P36

R843a・地方自治法施行60周年［2013・11・15］

〈河口湖〉

■ 河口湖
〒401-0399

■ 河口
〒401-0304

■ 大月
〒401-8799

■ 富士吉田本通
〒403-0007

■ 南部
〒409-2299

■ 甲府東光寺
〒400-0807

〈宮ヶ瀬湖とツツジ〉

■ 煤ヶ谷
〒243-0112

〈丹沢〉 ▶ P35

■ 西秦野
〒259-1305

★箱根芦ノ湖 ▶ P35

R817e・地方自治法施行60周年［2012・7・13］

■ 箱根町
〒250-0599

★マッチング作品

絵葉書も富士山や鳥居が見えて切手とほぼ同じ角度です。

勝沼のブドウ畑

★昇仙峡 ▶ P36

R843b・地方自治法施行60周年［2013・11・15］

■ 昇仙峡
〒400-1217

〈ツツジ〉

R690c・山梨の風物II［2007・4・2］

■ 双葉
〒400-0105

■ 津金
〒407-0322

★フジザクラ ▶ P36

R757e・ふるさとの花 第6集［2010・2・1］

■ 富士吉田
〒403-8799

R758e・ふるさとの花 第6集［2010・2・1］

※■ 富士山五合目
〒403-0005

〈リニア実験線〉

■ 都留朝日
〒402-0014

■ 塩山
〒404-8799

■ 勝山
〒401-0310

満開のモモの花（山梨県笛吹市一宮町にて）

★モモの花

R738j・ふるさと心の風景第5集［2009・6・23］

〈南アルプスとモモ〉

R690e・山梨の風物II［2007・4・2］

■ 中田
〒407-0261

■ 春日居
〒406-0002

■ 石和
〒406-8799

東京

★東京タワー

▶P44

R700a・東京の名所と花［2007・7・2］

■ 芝
〒105-8799

★マッチング作品

川上仁美さんからいただいた東京タワーの絵葉書に集印。切手のロウバイの季節にしました。

★二重橋

R700b・東京の名所と花［2007・7・2］

■ 宮内庁内
〒100-0001

★奥多摩湖

R700d・東京の名所と花［2007・7・2］

■ 小河内
〒198-0223

★日本橋

R702a・江戸名所と粋の浮世絵［2007・8・1］

■ 日本橋
〒103-8799

■ 日本橋茅場町
〒103-0025

■ 日本橋南
〒103-0027

R700e・東京の名所と花［2007・7・2］

日本橋二
（廃印）

〈南アルプス〉

■ 韮崎
〒 407-8799

〈モモ〉

■ 山梨
〒 405-8799

★身延山久遠寺 ▶ P 39

R843d・地方自治法施行60周年［2013・11・15］

■ 身延
〒 409-2599

■ 身延山
〒 409-2524

★猿橋

R843e・地方自治法施行60周年［2013・11・15］

■ 猿橋
〒 409-0617

★マッチング作品

1994年の東京版年賀葉書の裏面です。これも余白が多いので集印しやすいアイテム。

★神宮外苑 ▶ P 42

R700c・東京の名所と花［2007・7・2］

■ 四谷
〒 160-0016

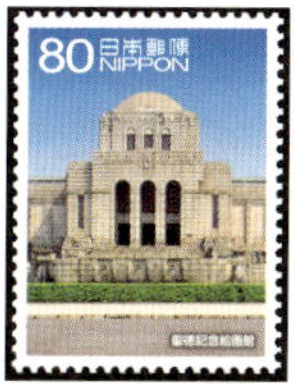

R805f・旅の風景 第14集［2011・10・21］

R805gh・旅の風景 第14集［2011・10・21］

コラム

同じ日本橋でも…

2010年7月、日本橋地区にあった日本橋通局、日本橋通一局、日本橋二局、日本橋プラザ内局が廃止となり、日本橋南局に統合されました。3か月遅れで日本橋南局にも風景印が配備されたから良かったものの、廃止になった4局にもそれぞれ風景印があったため、数としてはマイナス3。橋の装飾をアップで描くR700eの切手には日本橋二局の風景印が最もマッチしていたようで、無くなる前に集印しておいて良かったなあと思うのです。

〈サザンカ〉 ▶ P 44

■ 江東新砂
〒 137-8799

■ 保谷東町
〒 202-0012

〈日本橋魚河岸〉

R742i・江戸名所と粋の浮世絵 参［2009・8・3］

■ 日本橋室町
〒 103-0022

★堀切菖蒲園 ▶P47

R702d・江戸名所と粋の浮世絵〔2007・8・1〕

■ 葛飾堀切
〒124-0006

★浅草寺 ▶P40

R702e・江戸名所と粋の浮世絵〔2007・8・1〕

■ 雷門
〒111-0034

〈雷門〉

R812e・旅の風景 第15集〔2012・4・23〕

■ 西浅草
〒111-0035

■ 浅草
〒111-8799

★水道橋

R702h・江戸名所と粋の浮世絵〔2007・8・1〕

■ 文京水道
〒112-0005

★上野寛永寺

R702i・江戸名所と粋の浮世絵〔2007・8・1〕

〈黒門〉

■ 上野黒門
〒110-0005

〈五重塔〉

■ 台東桜木
〒111-0002

★神田祭

R716c・ふるさとの祭 第1集〔2008・8・1〕

大手町一
（廃印）

★ソメイヨシノ ▶P39

R727a・ふるさとの花 第3集〔2009・2・2〕

西巣鴨
（廃印）

西巣鴨局は2014年3月20日に閉鎖しています。

■ 西巣鴨四
〒170-0001

R728a・ふるさとの花 第3集〔2009・2・2〕

■ 西巣鴨一
〒170-0001

★新宿十二社

風景印の枠は切手の左下にある熊野神社の祭礼の提灯。

R742d・江戸名所と粋の浮世絵 参〔2009・8・3〕

■ 新宿アイタウン
〒163-8012

★マッチング作品

下條朋子さんから届いた広重の浮世絵葉書に集印。どちらにも金龍山の扁額がかかっており、幕末と現代の雷門の対比が楽しめます。

〈本堂と五重塔〉

R812f・旅の風景 第15集［2012・4・23］

■ 雷門
〒111-0034

東京

R716d・ふるさとの祭 第1集［2008・8・1］

■ 神田
〒101-8799

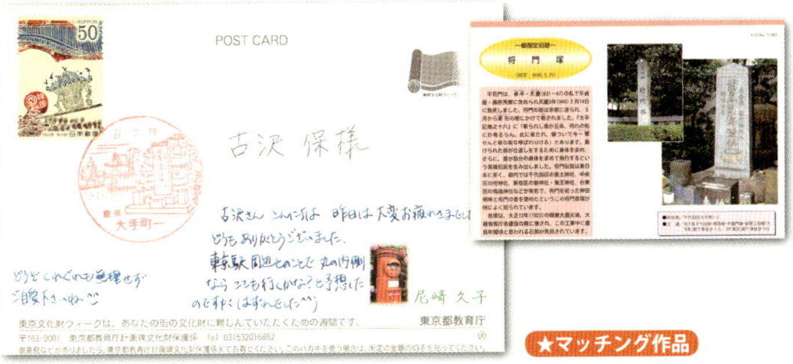

★マッチング作品

尼崎久子さんから。神田祭は神田明神の祭礼で、神田明神は元は大手町一局に描かれた将門塚の辺りにあり、平将門も祭神の１つになっています。知識が活かされたマッチングです。

★増上寺

R742h・江戸名所と粋の浮世絵 参［2009・8・3］

■ 芝
〒105-8799

★深川八幡

R744ab・ふるさとの祭 第2集［2009・8・10］

■ 深川
〒135-8799

★マッチング作品

祭りの日に写した写真を絵葉書にして。風景印は上部に小さく深川八幡の屋根が。

★日本橋駿河町

切手の題材は三井越後屋。風景印は今その場所にある日本橋三井ビル内局で。

R776a・江戸名所と粋の浮世絵 四［2010・8・2］

■ 日本橋三井ビル内
〒103-0022

★浅草酉の市

R776e・江戸名所と粋の浮世絵 四［2010・8・2］

■ 台東千東
〒111-0031

★王子滝野川

R776g・江戸名所と粋の浮世絵 四［2010・8・2］

■ 王子本町
〒114-0022

■ 滝野川六
〒114-0023

★七夕

R797c・江戸名所と粋の浮世絵 五［2011・8・1］

■ 杉並
〒166-8799

■ 福生
〒197-8799

★蒲田の梅園

R797e・江戸名所と粋の浮世絵 五［2011・8・1］

■ 蒲田
〒144-8799

★目黒茶屋坂

R797i・江戸名所と粋の浮世絵 五［2011・8・1］

■ 目黒三
〒153-0063

★東京スカイツリー

R812gh・旅の風景 第15集［2012・4・23］

■ 押上駅前
〒130-0002

本所二（現在は本所一局に改称・P44参照）

■ 浅草
〒111-8799

■ 向島
〒131-8799

■ 本所
〒130-8799

■ 江東亀戸七
〒136-0071

コラム

ほんの数か月のすれ違い

これまた無くなって残念シリーズ。原宿駅前局は2010年10月8日をもって移転し、神宮前六局に改称したのと同時に風景印が無くなってしまいました。それから1年ほどの間に表参道図案の切手が立て続けに誕生。風景印には表参道のケヤキが描かれていたため、「使い続けていてくれれば…」としみじみ思ったものです。渋谷区は風景印が少なく、他にも表参道を描いた印が無いから尚更。いつかこれらの切手に相応しい風景印の復活or誕生を希望するものです。

原宿駅前
（廃印）

★表参道

R805cd・
旅の風景 第14集
[2011・10・21]

R805e・
旅の風景 第14集
[2011・10・21]

R787i・
ふるさと心の風景 第9集
[2011・3・1]

★代々木第一体育館

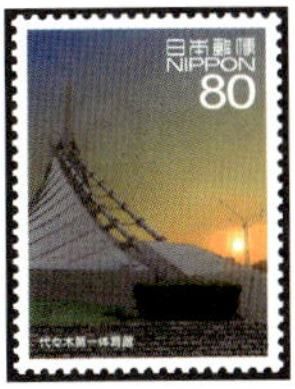

R805a・
旅の風景 第14集
[2011・10・21]

■ 渋谷神南
〒150-0041

■ 放送センター内
〒150-0041

★代々木公園

R805b・旅の風景 第14集
[2011・10・21]

■ 代々木三
〒151-0053

★上野動物園のパンダ

R812ab・
旅の風景 第15集
[2012・4・23]

■ 上野
〒110-8799

上野動物園前の
パンダポスト

マッチングの達人

尼崎久子さん

私は09年に風景印散歩の本を出した頃は、専ら名刺カードで集めるだけでした。そんな時、尼崎さんからマステやスタンプを駆使したカラフルで女子力の高い賑やかな葉書が続々と届き、葉書を交換する楽しみを教えていただきました。ここ数年は鉄道の方に興味が向いているそうですが、たまに届く葉書もクオリティが高く、さすがです。

R838d・
第68回国民体育大会
[2013・8・28]

郵政博物館のスカイツリー型ポスト。愛称はポスツリー。

★マッチング作品

尼崎さんから届いたスカイツリー2局はしご葉書。本所二局は2015年1月に本所一局に移転改称し、図案も変わりました。

★隅田公園と桜橋

切手の構図の左手には東京スカイツリーが控えている

R812i・旅の風景 第15集［2012・4・23］

桜橋のモニュメントです

■ 向島
〒131-8799

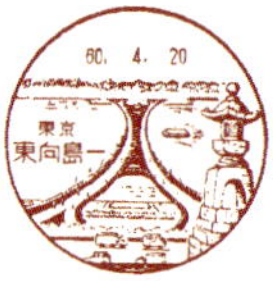

■ 東向島一
〒131-0032

★隅田川花火大会

▶P42

R812j・旅の風景 第15集［2012・4・23］

■ 本所一
〒130-0004

■ 両国
〒103-0004

★御岳渓谷とカヌー

R838a・第68回国民体育大会［2013・8・28］

■ 御岳
〒198-0199

■ 沢井駅前
〒198-0172

★マッチング作品

御岳渓谷で写した写真を絵葉書に。まだ寒い冬だったのに、皆さん良い表情しています。

★セーリング

R838b・第68回国民体育大会［2013・8・28］

■ お台場海浜公園前
〒135-0091

★小笠原諸島

▶P43

R838c・第68回国民体育大会［2013・8・28］

切手の図案になった
小笠原諸島父島の二見港

■ 小笠原
〒100-2101

■ 母島
〒100-2211

信越+北陸

諏訪大社の御柱祭は7年目ごと。その起源は古事記以前にさかのぼるともいう。男たちが16本の大木を運ぶ、まさに命懸けの祭。毎回何人もが負傷している。

2010年4月1日発行・ふるさと切手
ふるさとの祭 第4集 諏訪大社御柱祭
「下社の木落し」(長野県)
＋長野・下諏訪局の風景印

	ふるさと切手発行種類数（2007～2014年）	風景印数（2015年3月末現在）
長野県	20種	375局
新潟県	31種	270局
富山県	23種	186局
石川県	10種	195局
福井県	18種	191局

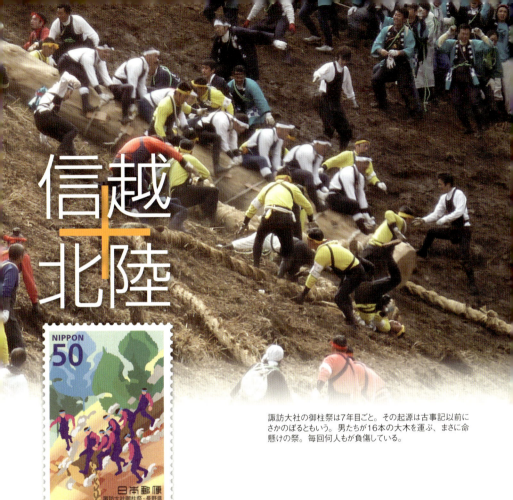

長野

★リンドウ ▶ P50

志賀高原のリンドウ

R712e・ふるさとの花第1集［2008・7・1］

R713e・ふるさとの花第1集［2008・7・1］

■ 米沢
〒391-0216

■ 松本城東
〒390-0807

★ナノハナ

R736b・地方自治法施行60周年［2009・5・14］

■ 野沢温泉
〒389-2502

R807ab・ふるさと心の風景第10集［2011・12・1］

■ 瑞穂
〒389-2322

〈千曲川〉 ▶ P52

■ 上田三好町
〒386-0032

■ 力石
〒389-0824

■ 岸野
〒385-0061

★ニッコウキスゲ ▶ P53

R738c・ふるさと心の風景第5集［2009・6・23］

■ 諏訪
〒392-8799

■ 諏訪角間
〒392-0006

■ 諏訪大手
〒392-0026

★諏訪大社御柱祭

〈上社本宮〉

R767a・ふるさとの祭第4集［2010・4・1］

■ 諏訪豊田
〒392-0016

R767b・ふるさとの祭第4集［2010・4・1］

■ 茅野駅前
〒391-0001

★野尻湖

R717c・ふるさと心の風景第2集［2008・9・1］

■ 野尻湖
〒389-1303

■ 古間
〒389-1313

■ 信濃町
〒389-1399

★上高地

▶P53

R736a・地方自治法施行60周年［2009・5・14］

※■ 上高地
〒390-1516

■ 梓川
〒390-1799

★安楽寺八角三重塔

R736c・地方自治法施行60周年［2009・5・14］

■ 別所
〒386-1499

★松本城とツツジ

▶P50

R736d・地方自治法施行60周年［2009・5・14］

〈松本城〉

■ 松本清水
〒390-0805

■ 松本大手
〒390-0874

■ 松本城東
〒390-0807

★万治の石仏

R736e・地方自治法施行60周年［2009・5・14］

岡本太郎さんも絶賛

■ 下諏訪大門
〒393-0092

〈御柱〉

R767c・ふるさとの祭第4集［2010・4・1］

■ 中洲
〒392-0015

■ 茅野
〒391-8799

R767d・ふるさとの祭第4集［2010・4・1］

■ 湖南
〒392-0131

〈御柱木落し〉

R767e・ふるさとの祭第4集［2010・4・1］

■ 下諏訪
〒393-8799

諏訪大社は諏訪市にある上社本宮、茅野市にある上社前宮、諏訪郡下諏訪町にある下社秋宮、下社春宮の４つからなる。写真は下社秋宮。

〈下社秋宮〉

R767f・ふるさとの祭 第4集［2010・4・1］

■ 下諏訪西浜町
〒393-0032

〈下社春宮〉

R767g・ふるさとの祭 第4集［2010・4・1］

■ 下諏訪大門
〒393-0092

★稲穂

R691b・食と花の政令市にいがた［2007・4・2］

〈農作業〉

R807ef・ふるさと心の風景 第10集［2011・12・1］

★雪割草

R691d・食と花の政令市にいがた［2007・4・2］

■ 桑取
〒949-1733

■ 中之島
〒949-6438

〈スジマキじいさん（雪形）〉

■ 野田
〒945-1241

柏崎市では米山にスジマキじいさんと呼ばれる雪解け跡が出るのを、田植えや種まきを始める目安としている。

■ 高浜
〒945-0402

★すげぼうし

R722j・ふるさと心の風景 第3集［2008・11・4］

■ 六日町
〒949-6699

■ 松之山
〒942-1499

コラム

幻のすげぼうし印

雪深い地方で被るすげぼうし。下船渡局の風景印にはそれが描かれていましたが、２０１４年10月１日の図案改正で消えてしまいました。私も本書を編集するまでは気づかなかったため集印しそびれました。幸い県内には他にもすげぼうし図案の風景印があるので、それを押そうと思いますが、切手の題材は中魚沼郡津南町なので下船渡局が最適印。このマッチング、集印した方はいらっしゃいますか？

下船渡
（旧印）

■ 下船渡
〒949-8201

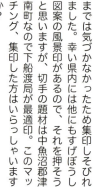

新潟

★チューリップ ▶P55

R691a・食と花の政令市にいがた［2007・4・2］

■ 中条
〒959-2699

R727c・ふるさとの花第3集［2009・2・2］

■ 馬下
〒959-1614

R728c・ふるさとの花第3集［2009・2・2］

■ 新潟有明台
〒951-8146

R849a・国土緑化［2014・5・30］

■ 新潟竜ケ島
〒950-0072

R849h・国土緑化［2014・5・30］

多種多彩な雪割草

★アイリス ▶P57

R691e・食と花の政令市にいがた［2007・4・2］

アイリスはアヤメやハナショウブなど一群の植物を指す。

■ 味方
〒950-1261

■ 新発田
〒957-8799

★トキと佐渡島 ▶P56

R741a・地方自治法施行60周年［2009・7・8］

〈佐渡島〉

■ 白瀬
〒952-0001

〈カンゾウ〉
▶P57

■ 新穂
〒952-0199

■ 鷲崎
〒952-3205

■ 小田
〒952-2206

★高田城址の桜 ▶P56

R741b・地方自治法施行60周年［2009・7・8］

■ 高田駅前
〒943-0831

■ 上越鴨島
〒943-0153

■ 高田南本町
〒943-0841

★長岡花火 ▶P57

R741c・地方自治法施行60周年〔2009・7・8〕

■ 越後宮内
〒940-1106

■ 長岡中島
〒940-0093

妙高市のいもり池から眺める妙高山
定番の風景

★東北電力ビッグスワンスタジアム

R747a・第64回国民体育大会〔2009・9・25〕

■ 新潟県庁内
〒950-0965

★マッチング作品

尼崎久子さんが新潟に里帰りした時に送ってくれました。新潟県立自然科学館は鳥屋野潟を挟んでビッグスワンスタジアムの向かいにあります。

★スイセン

R849i・国土緑化〔2014・5・30〕

■ 川浦
〒943-0227

■ 上杉
〒943-0305

★ツツジ

R849j・国土緑化〔2014・5・30〕

■ 板倉
〒944-0131

■ 守門
〒946-0299

■ 長岡西
〒940-2099

富山

★妙高山 ▶P56

R741d・地方自治法施行60周年［2009・7・8］

■ 猿橋
〒944-0341

■ 原通
〒949-2219

■ 妙高高原
〒949-2199

★十日町雪まつり ▶P54

R741e・地方自治法施行60周年［2009・7・8］

■ 十日町
〒948-8799

■ 十日町高田
〒948-0065

★ニシキゴイ ▶P55

R807gh・ふるさと心の風景第10集［2011・12・1］

■ 竹沢
〒947-0299

■ 城川
〒947-0028

★カタクリ

R849d・国土緑化［2014・5・30］

■ 広神
〒946-0111

■ 頸城槙
〒949-1312

★ユキツバキ

▶P56

R849f・国土緑化［2014・5・30］

■ 松代
〒942-1599

★おわら風の盆 ▶P58

R701a・おわら風の盆・舞［2007・7・2］

■ 杉原
〒939-2304

■ 八尾駅前
〒939-2376

R701b・おわら風の盆・舞［2007・7・2］

■ 越中八尾
〒939-2399

R701c・おわら風の盆・舞［2007・7・2］

R701d・おわら風の盆・舞［2007・7・2］

R701e・おわら風の盆・舞［2007・7・2］

★散居村

R717a・ふるさと心の風景第2集［2008・9・1］

■ 鷹栖
〒939-1335

耕地の中に民家が点在する集落形態を散居村という。

■ 油田
〒939-1308

■ 東野尻
〒939-1333

■ 砺波
〒939-1399

★チューリップ ▶P58

R757a・ふるさとの花第6集［2010・2・1］

■ 砺波
〒939-1399

★黒部ダム ▶P59

R794b・地方自治法施行60周年［2011・6・15］

■ 舟見
〒938-0103

★ライチョウ

R794c・地方自治法施行60周年［2011・6・15］

夏羽と

R829a・旅の風景 第17集［2013・4・16］

冬羽です

■ 富山西
〒930-0199

■ 小見
〒930-1456

■ 立山
〒930-0299

★五箇山合掌造り集落 ▶P59

R794e・地方自治法施行60周年［2011・6・15］

★称名滝 ▶P58

R829c・旅の風景 第17集［2013・4・16］

★タテヤマリンドウ

R829d・旅の風景 第17集［2013・4・16］

■ 平
〒939-1999

■ 上平
〒939-1968

■ 立山
〒930-0299

■ 小見
〒930-1456

■ 上市神明町
〒930-0342

R758a・ふるさとの花 第6集［2010・2・1］

■ 青木
〒939-0643

■ 富山西
〒930-0199

■ 入善駅前
〒939-0626

■ 五鹿屋
〒939-1327

■ 高波
〒939-1341

★立山連峰 ▶P58

R794a・地方自治法施行60周年［2011・6・15］

■ 富山北
〒931-8799

■ 富山岩瀬
〒931-8356

★瑞龍寺 ▶P60

R794d・地方自治法施行60周年［2011・6・15］

■ 高岡芳野
〒933-0872

■ 高岡駅南
〒933-0871

★マッチング作品

田中里香さんがぷらぷら旅行中の高岡から送ってくれた絵葉書。秋は紅葉が見事なようです。

★室堂平

R829g・旅の風景 第17集［2013・4・16］

※■ 立山山頂
〒930-1414

★大観峰

R829j・旅の風景 第17集［2013・4・16］

立山千寿ケ原
（廃印）

コラム

1年弱のマッチング

私の失敗シリーズです。立山千寿ケ原局は立山のロープウエイを描いた唯一の局でしたが、2014年3月31日に風景印を廃止してしまいました（まだ局は存在しているのに…）。私、最終日印は郵頼したものの、この切手の存在をまるっきり忘れていたため、マッチングしそびれてしまったのです。切手発行から廃印まで1年弱、皆さんは集印しましたか？

この風景印、復活してくれないかなあ…余分を持っている方、譲ってくれないかなあ…と心の声を文字にしてみました。

石川

★クロユリ ▶P60

R739d・ふるさとの花 第4集[2009・7・1]

※■ 白山山頂
〒920-2501

R740d・ふるさとの花 第4集[2009・7・1]

R854e・地方自治法施行60周年[2014・11・26]

★兼六園 ▶P60

R854a・地方自治法施行60周年[2014・11・26]

■ 金沢兼六
〒920-0912

雪吊りも一緒！

■ 金沢駅内
〒920-0858

福井

★三方五湖と舟小屋

R717f・ふるさと心の風景 第2集[2008・9・1]

■ 西田
〒919-1463

〈三方五湖とツツジ〉

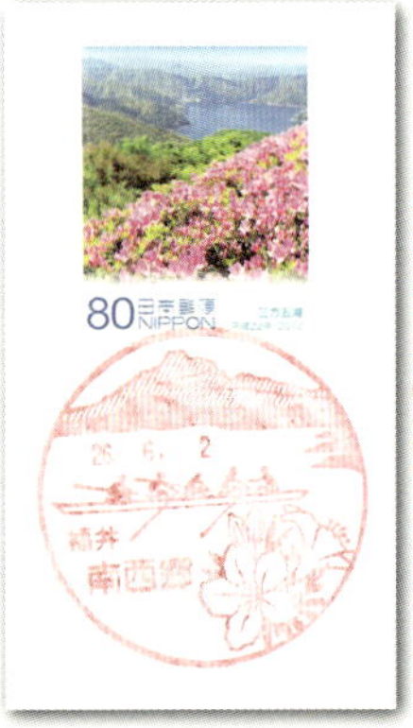

R777c・地方自治法施行60周年[2010・8・9]

■ 南西郷
〒919-1145

〈三方五湖〉

■ 三方
〒919-1399

■ 早瀬
〒919-1124

★スイセン ▶P62

R723a・ふるさとの花 第2集[2008・12・1]

■ 大土呂
〒919-0326

★エドヒガン

R737a・国土緑化[2009・6・5]

■ 今立
〒915-0242

★ケヤキ

R737b・国土緑化[2009・6・5]

■ 木部
〒919-0532

★アカマツ

R737c・国土緑化[2009・6・5]

■ 大鳥羽
〒919-1504

★白米千枚田

R854b・地方自治法施行60周年［2014・11・26］

■ 南志見
〒928-0246

★見附島

R854c・地方自治法施行60周年［2014・11・26］

■ 珠洲
〒927-1299

■ 宝立
〒927-1222

■ 珠洲駅前
〒927-1213

■ 鵜島
〒927-1223

★白山 ▶P62

R854d・地方自治法施行60周年［2014・11・26］

■ 小松大川
〒923-0911

R724a・ふるさとの花第2集［2008・12・1］

■ 福井南
〒918-8799

R737i・国土緑化［2009・6・5］

■ 福井中央
〒910-8799

R737j・国土緑化［2009・6・5］

■ 中藤島
〒910-0808

R777b・地方自治法施行60周年［2010・8・9］

■ 福井新田塚
〒910-0067

★キタコブシ

R737e・国土緑化［2009・6・5］

■ 大野中野
〒912-0025

■ 大野春日
〒912-0053

★ヤマボウシ

R737h・国土緑化［2009・6・5］

■ 八田
〒916-0264

北陸

★東尋坊 ▶P64

▶P64

東尋坊と福井県立恐竜博物館

R777a・地方自治法施行60周年［2010・8・9］

〈恐竜〉▶P63

■ 勝山沢
〒911-0801

■ 三国
〒913-8799

■ 勝山元町
〒911-0804

★一乗谷朝倉氏遺跡

R777d・地方自治法施行60周年［2010・8・9］

■ 一乗谷
〒910-2154

〈朝倉山〉

■ 棗
〒910-3133

■ 東郷
〒910-2163

★越前ガニ ▶P64

R777e・地方自治法施行60周年［2010・8・9］

■ 雄島
〒913-0064

〈越前海岸〉▶P63

■ 四箇浦
〒916-0399

■ 糠
〒915-1114

安田ナオミさんより旅先の広島から。

■ 広島光
〒732-0052

コラム

ポスタコレクトとは？

本書のマッチング作品でも度々登場している「ポスタコレクト」は、郵便局で文具などを販売するポスタルスクエアが制作販売している絵葉書です。ポスタコレクトのHP＊にアクセスし、「オリジナルポストカード一覧（定形）」をクリックすると、日本各地で販売しているシルエット図案の絵葉書などが把握できます。東京中央局などの大きな局だけでなく、岡山芳田局や福岡高木局など意外に小さな局にもオリジナル絵葉書が存在しますし、JPローソンだけで販売している絵葉書もあるので要チェックです。またこのHPでは人気のご当地フォルムカードも全種類見られるので、ぜひ参考にしてみて下さい。

＊http://www.postacollect.com/

東海+近畿

夕刻、見物船に乗り込んで鵜飼を眺めていると、鵜匠の技と篝火の美しさに魅せられつつ、なぜか人生の悲哀も感じられ…。「おもしろうてやがて悲しき鵜舟哉」（芭蕉）。

	ふるさと切手発行種類数（2007～2014年）	風景印数（2015年3月末現在）
岐阜県	18種	280局
静岡県	9種	415局
愛知県	20種	649局
三重県	9種	241局
滋賀県	9種	122局
京都府	32種	333局
大阪府	6種	216局
兵庫県	19種	424局
奈良県	29種	124局
和歌山県	14種	150局

2010年6月18日発行・ふるさと切手
地方自治法施行60周年・岐阜「長良川の鵜飼」
＋岐阜長良局の風景印

岐阜

★白川郷合掌造り ▶P66

R692b・東海の花と風景［2007・4・2］

■ 御母衣
〒501-5599

■ 鳩谷
〒501-5699

★乗鞍岳

R677・国土緑化［2006・5・19］

なあ…と、ちょっと複雑な気持ちではあります。

※■ 乗鞍山頂
〒506-2254

★郡上おどり ▶P66

R743a・ふるさとの祭 第2集［2009・8・10］

R743b・ふるさとの祭 第2集［2009・8・10］

■ 郡上八幡
〒501-4299

■ 白鳥
〒501-5199

■ 八幡小野
〒501-4221

★高山祭 ▶P66

美女が狂い獅子に変身しますのよ

R748a・ふるさとの祭 第3集［2009・10・1］

■ 高山八幡
〒506-0842

★長良川の鵜飼 ▶P67

R773a・地方自治法施行60周年［2010・6・18］

■ 岐阜長良
〒502-0835

★岐阜城 ▶P67

R773b・地方自治法施行60周年［2010・6・18］

■ 岐阜梅林
〒500-8113

■ 岐阜北
〒502-8799

■ 岐阜中央
〒500-8799

■ 岐阜都通
〒500-8302

■ 岐阜県庁内
〒500-8384

コラム

郵頼復活しました!

この切手のバックに描かれているのは乗鞍岳。もちろん乗鞍山頂局の風景印がベスト候補ですが、前巻では載せられませんでした。というのは当時、一部の山頂局では郵頼を拒否していて、現地に行かないと押してもらえないという情報があったからです(郵頼したけど、押さずに送り返されて来た知合いも)。ところが昨夏、郵頼を再開していることが判明し(利用者からの要望が多かったのかも?)、遅ればせながら入手したのがこの印影。1年前だったら2円を貼り足さずに、1枚貼りで押印できてたんだけど

★吉田川

R710c・ふるさと心の風景第1集[2008・5・2]

■ 和良
〒501-4599

■ 明宝
〒501-4399

■ 相生
〒501-4236

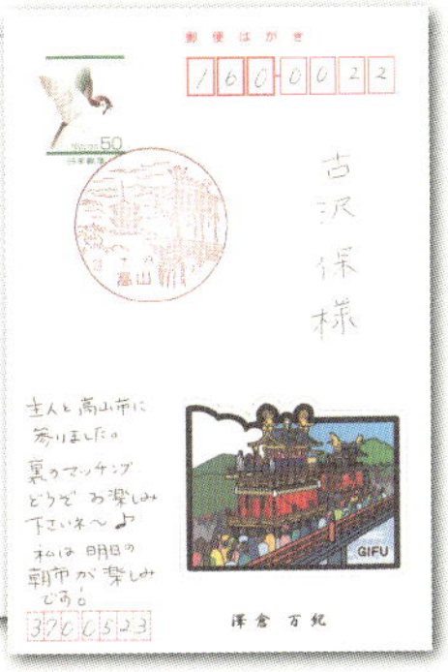

■ 高山山王
〒506-0823

★マッチング作品

澤倉万紀さんからフォルムカードのカラーコピー付きでいただきました。旅行中に3局も巡って、ご主人は大丈夫でした?(笑)

R748b・ふるさとの祭第3集[2009・10・1]

■ 高山上一之町
〒506-0844

■ 高山
〒506-8799

★美濃和紙あかりアート展

R773d・地方自治法施行60周年[2010・6・18]

〈和紙〉

■ 美濃
〒501-3799

■ 下牧
〒501-3788

★馬籠宿

▶P51

R773e・地方自治法施行60周年[2010・6・18]

■ 馬籠
〒508-0502

★新体操

R820b・第67回国民体育大会[2012・9・28]

〈会場の岐阜メモリアルセンター〉

■ 岐阜北
〒502-8799

★ボート

R820c・第67回国民体育大会[2012・9・28]

■ 川辺
〒509-0399

静岡

★ツツジ ▶P69

R789a・ふるさとの花第10集［2011・5・2］

■ 大渕
〒417-0801

R790a・ふるさとの花第10集［2011・5・2］

■ 須山
〒410-1299

■ 渋川
〒431-2599

〈城ケ崎海岸〉

e・東海の花と風景［2007・4・2］

■ 磐田岡田
〒438-0051

■ 引佐
〒431-2299

■ 裾野御宿
〒410-1107

■ 伊豆高原
〒413-0232

★富士山 ▶P68

R842a・地方自治法施行60周年［2013・10・15］

※■ 富士山頂
〒418-0011

■ 裾野市役所前
〒410-1118

■ 須走
〒410-1499

これぞスタンプを押してくれと言わんばかりの、シンプルなフォルムカードです。

★マッチング作品

飛行機から撮影した富士山と駿河湾

愛知

★カキツバタ ▶P70

R763d・ふるさとの花第7集［2010・3・8］

■ 刈谷東境
〒448-0007

R764d・ふるさとの花第7集［2010・3・8］

■ 富士松
〒448-0005

★ミカン

R730g・ふるさと心の風景 第4集［2009・3・2］

ミカンがなっています

■ 三の浦
〒410-0102

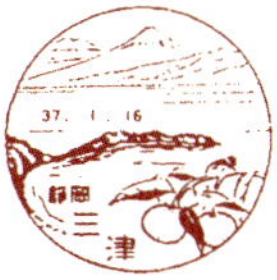

■ 三津
〒410-0223

■ 沼津西浦
〒410-0235

★ダイヤモンド富士

コラム

ダイヤモンドはあったけど…

R842cを見た瞬間、あれと合わせたいと頭に浮かんだ風景印がありました。でも確認してみると山梨県の七面山口局で、静岡県の局じゃなかったのネ…。けれどせっかくのダイヤモンド富士だし、今度郵頼してみようかなと思っています。

■ 七面山口
〒409-2732

〈田貫湖〉

R842c・地方自治法施行60周年［2013・10・15］

R842b・地方自治法施行60周年［2013・10・15］

R842d・地方自治法施行60周年［2013・10・15］

R842e・地方自治法施行60周年［2013・10・15］

〈富士山各種〉

■ 猪之頭
〒418-0108

■ 北郷
〒410-1326

■ 三島幸原
〒411-0031

■ 清水折戸
〒424-0902

■ 知立牛田
〒472-0003

■ 刈谷小山
〒448-0045

■ 知立本町
〒472-0038

■ 刈谷一ッ木
〒448-0003

R692a・東海の花と風景［2007・4・2］

■ 豊田花園
〒473-0924

〈竹島〉

■ 蒲郡
〒443-8799

R780a・地方自治法施行60周年［2010・10・4］

〈シャチホコ〉▶P71

■ 名古屋市役所内
〒460-0001

■ 愛知県庁内
〒460-0001

〈渥美半島〉

■ 伊良湖岬
〒441-3627

★名古屋城とユリ

R692c・東海の花と風景［2007・4・2］

■ 名古屋中央
〒450-8799

〈名古屋城〉▶P71

■ 名古屋丸の内
〒460-0002

■ 名古屋葵
〒461-0004

★名古屋港

R708ab・名古屋港［2007・11・5］

〈南極観測船ふじ〉〈名古屋港ポートビル〉

■ 名古屋港
〒455-8799

■ 名古屋港北
〒455-0067

R708gh・名古屋港［2007・11・5］

R708ij・名古屋港［2007・11・5］

〈サツキ〉

■ 東海高横須賀
〒477-0037

「名古屋港」切手の花は県内5市区村が指定したもので、必ずしも名古屋に関係はない。

〈花火〉

■ 名古屋七番町
〒455-0001

■ 名古屋木場
〒455-0021

■ 名古屋東海橋
〒455-0073

★イチョウ

R780c・地方自治法施行60周年［2010・10・4］

■ 春日井篠木
〒486-0851

★瀬戸焼

R780d・地方自治法施行60周年［2010・10・4］

■ 瀬戸記念橋
〒489-0815

■ 瀬戸
〒489-8799

■ 瀬戸元町
〒489-0045

★四季桜

R780e・地方自治法施行60周年［2010・10・4］

■ 大草
〒470-0531

■ 小原
〒470-0599

左上のドームとピラミッドが名古屋港水族館

R708cd・名古屋港〔2007・11・5〕

〈ツツジ〉

■ 知多新舞子
〒478-0036

R708ef・名古屋港〔2007・11・5〕

〈名古屋港水族館〉

■ 名古屋港本町
〒455-0037

■ 名古屋明正
〒455-0806

■ 知多古見
〒478-0017

〈名港トリトン〉

■ 名古屋港陽
〒455-0013

■ 名古屋西稲永
〒455-0842

★こいのぼり

R750c・ふるさと心の風景 第6集〔2009・10・8〕

■ 岩倉神野
〒482-0033

★マッチング作品

高橋由美子さんから。10面シートに1枚しかない切手を集めるため、何局も巡ったそうです。多謝。

■ 岩倉東
〒482-0001

■ 岩倉稲荷町
〒482-0012

★コノハズク ▶P72

R780b・地方自治法施行60周年〔2010・10・4〕

■ 鳳来寺
〒441-1999

★茶摘み

R204・茶摘み〔1997・4・25〕

+2円ウサギ

■ 藤枝
〒426-8799

コラム

52円の対処法

P58の乗鞍山頂局の項でも書いたように、14年4月の消費税増税で合計52円以上の切手にしか記念押印ができなくなりました。一枚貼りの美しさが損なわれるのは残念ですが、何かこれで面白い加貼ができないかと、思いついたのがこの組合せ。

ポイントは日付の5月2日で、この日は茶摘みにゆかりの八十八夜なのです。そして50円＋2円の切手ともかけているのですが、どうでしょうか？

またどうしても加貼を避けたい場合、大きめの台紙に50円切手と2円切手を離して貼ることで、2枚の切手にそれぞれ風景印を押してもらい、名刺サイズにカットしてしまう人もいます。局員さんによってはすんなり受付けてくれない場合もあるかもしれませんが、規則上は可能な裏ワザです。

三重

★ハナショウブ ▶P72

R768a・ふるさとの花第8集［2010・4・30］

■ 伊勢御木本通
〒516-0035

R769a・ふるさとの花第8集［2010・4・30］

■ 津緑の街
〒514-0064

■ 壬生野
〒519-1424

■ 加茂
〒517-0041

R850b・地方自治法施行60周年［2014・6・19］

■ 明星
〒515-0313

三重県伊勢市の外蔵の町

★外蔵の町

R710h・ふるさと心の風景第1集［2008・5・2］

■ 伊勢河崎
〒516-0009

★伊勢神宮

R850a・地方自治法施行60周年［2014・6・19］

■ 五十鈴川
〒516-0025

■ 伊勢
〒516-8799

■ 伊勢外宮前
〒516-0074

滋賀

★彦根城

R696b・近畿の城と風景［2007・6・1］

■ 彦根城町
〒522-0068

■ 彦根須越
〒522-0058

■ 彦根本町
〒522-0064

〈二見浦夫婦岩〉▶P73

R692d・東海の花と風景［2007・4・2］

■ 河芸千里ヶ丘
〒510-0302

■ 三重県庁内
〒514-0006

■ 三雲小野江
〒515-2109

■ 鳥羽坂手
〒517-0005

■ 四日市東坂部
〒512-0904

R850c・地方自治法施行60周年［2014・6・19］

■ 二見
〒519-0606

★獅子岩

R850d・地方自治法施行60周年［2014・6・19］

■ 熊野
〒519-4399

〈熊野大花火〉

■ 熊野本町
〒519-4323

★英虞湾

R850e・地方自治法施行60周年［2014・6・19］

■ 阿児
〒517-0599

■ 志摩
〒517-0799

■ 布施田
〒517-0702

★マッチング作品

こちらも葉書50円時代のうちに押せて良かったシリーズです。

R804e・地方自治法施行60周年［2011・10・14］

■ 彦根河原
〒522-0083

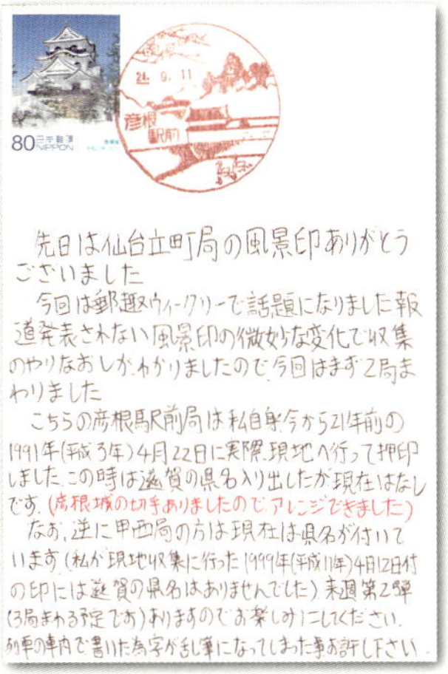

先日は仙台立町局の風景印ありがとうございました
今回は郵趣ウィークリーで話題になりました報道発表されない風景印の微妙な変化で収集のやりなおしがわかりましたので今回はまず2局まわりました
こちらの彦根駅前局は私自身今から21年前の1991年（平成3年）4月22日に実際現地へ行って押印しました。この時は滋賀の県名入り出したが現在はなしです。（彦根城の切手ありましたのでアレンジできました）
なお、逆に甲西局の方は現在は県名が付いています（私が現地収集に行った1999年（平成11年）4月12日付の印には滋賀の県名はありませんでした）来週第2弾（3局まわる予定です）ありますのでお楽しみにしてください。
列車の車内で書いた為字が乱筆になってしまった事お許し下さい。

■ 彦根駅前
〒522-0075

★マッチング作品

内藤嘉信さんから。毎回はがき一杯、風景印に関するレポートが書かれてあり、これも作品だなあと思います。

■ 彦根
〒522-8799

★琵琶湖 ▶ P76

▶ P76

R710f・ふるさと心の風景 第1集［2008・5・2］

R804b・地方自治法施行60周年［2011・10・14］

西の湖（琵琶湖東南岸の内湖）の夕焼け

〈近江八幡の水郷〉

■ 近江八幡出町
〒523-0892

〈浮御堂〉

R804a・地方自治法施行60周年［2011・10・14］

■ 堅田
〒520-0299

■ 大津本堅田
〒520-0242

〈水鳥〉

■ 近江八幡沖島
〒523-0801

★針江・霜降

R804c・地方自治法施行60周年［2011・10・14］

■ 新旭
〒520-1599

★石山寺

R804d・地方自治法施行60周年［2011・10・14］

■ 石山寺
〒520-0861

京都

★愛宕念仏寺

R718a・旅の風景 第1集［2008・9・1］

〈愛宕山〉

■ 京都嵯峨野
〒616-8314

★トロッコ列車

R718h・旅の風景 第1集［2008・9・1］

■ 亀岡篠
〒621-0826

★保津川下り

R718i・旅の風景 第1集［2008・9・1］

■ 保津
〒621-0005

■ 亀岡
〒621-8799

■ 亀岡篠
〒621-0826

★渡月橋 ▶ P79

▶ P79

R718j・旅の風景 第1集［2008・9・1］

■ 京都嵐山
〒616-0014

■ 京都西
〒616-8799

★マッチング作品

松田俊治さんはクラシックの絵葉書でマッチング収集をしています。余った葉書をいただいので、私もマッチングしてみました。モノクロ葉書とのコントラストに味わいがありますね。

★シャクナゲ ▶P76

R727d・ふるさとの花第3集［2009・2・2］

R728d・ふるさとの花第3集［2009・2・2］

■ 西大路
〒529-1628

■ 古屋
〒520-1441

■ 近江日野
〒529-1699

■ 京都嵯峨
〒616-8373

★マッチング作品

三大慎二郎さんからピッタリの絵葉書で。秋になったら絵の面に切手を貼って亀岡篠局に郵頼しようかと。

マッチングの達人

三大慎二郎さん

車を運転する職業柄、全国各地へ出張できる三大さんは、我々風景印マニアには羨ましがられています。各地で風景印を押し、フォルムカードを入手してきては、収集仲間にわけてくれる有難い存在です。SNSでもご活躍で、手紙を交換する仲間はものすごい数になっておられるようです。ブログ「36ミリに魅せられて…風景印巡礼記」も運営中です。

★清水寺 ▶P76

〈三重塔〉

R720a・旅の風景 第2集［2008・10・1］

〈清水の舞台〉

R720b・旅の風景 第2集［2008・10・1］

■ 京都下馬町
〒605-0873

■ 京都清水
〒605-0862

■ 東山
〒605-8799

★舞妓 ▶P76

R720i・旅の風景 第2集［2008・10・1］

■ 京都中央
〒600-8799

■ 京都祇園
〒605-0079

★鴨川 ▶P78

R720j・旅の風景 第2集［2008・10・1］

〈賀茂川〉

■ 京都出雲路
〒603-8146

〈鴨川〉

■ 京都丸太町川端
〒606-8395

■ 京都小山初音
〒603-8172

★源氏物語絵巻

R721a・地方自治法施行60周年［2008・10・27］

〈葵祭り〉

■ 京都田中
〒606-8205

〈紫式部住居跡〉

■ 京都府立医大病院内
〒602-0841

■ 京都大学病院内
〒606-8397

■ 京都出雲路
〒603-8146

★天橋立 ▶P78

R721e・地方自治法施行60周年［2008・10・27］

■ 天橋立駅前
〒626-0001

★マッチング作品

天橋立〝飛龍観〟のトリプルマッチ。切手と風景印をどう配置しようか、頭を悩ませました。

★祇園祭 ▶P78

R836a・ふるさとの祭 第10集［2013・7・1］

■ 京都西洞院綾小路
〒600-8474

R836b・ふるさとの祭 第10集［2013・7・1］

■ 京都祇園
〒605-0079

〈曲水の宴〉

■ 伏見下鳥羽
〒612-8466

〈京都御所紫宸殿〉

■ 京都中立売室町
〒602-0918

★美山かやぶきの里

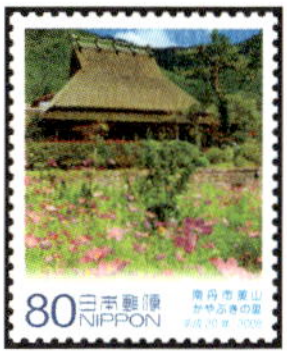

R721c・地方自治法施行60周年［2008・10・27］

■ 美山中
〒601-0713

■ 美山
〒601-0799

■ 美山虹の湖
〒601-0772

★和束の茶畑

R721d・自治法施行60周年［2008・10・27］

■ 和束
〒619-1299

★シダレザクラ

▶P77

R723e・ふるさとの花第2集［2008・12・1］

■ 左京
〒606-8799

R724e・ふるさとの花第2集［2008・12・1］

R721b・地方自治法施行60周年［2008・10・27］

■ 京都洛北高校前
〒606-0851

■ 伏見東
〒601-1399

〈京都府立植物園〉

■ 京都北山
〒606-0841

★マッチング作品

毎年祇園祭に行かれる熊澤和枝さん。絵葉書の切手を貼る囲みも山鉾図案で、思わず残してしまった気持ち、わかります！

R836cd・ふるさとの祭第10集［2013・7・1］

大阪

★大阪城 ▶P80

R696d・近畿の城と風景［2007・6・1］

■ 大阪中央
〒530-0001

■ 都島
〒534-8799

■ 大阪北
〒530-8799

■ 大阪高麗橋
〒540-0037

兵庫

★姫路城

R696c・近畿の城と風景［2007・6・1］

■ 姫路手柄
〒670-0965

■ 姫路
〒670-8799

■ 姫路市役所前
〒672-8049

姫路
（旧印）

★マッチング作品

姫路局の旧図案は姫路城とサクラ。地方自治法のシート地が同じ組合せだったので、逆L字で使いづらいところをマッチングしてみました。

★明石海峡大橋 ▶P82

R779a・旅の風景 第10集［2010・10・1］

■ 神戸小束山
〒655-0003

■ 岩屋
〒656-2499

★孫文記念館

R779b・旅の風景 第10集［2010・10・1］

■ 神戸天ノ下
〒655-0029

孫文記念館の八角形の楼閣は現存する
日本最古のコンクリートブロック建造物

★マッチング作品

切手やフォルムカードと角度も似ている大阪高麗橋局の大阪城。でも実は90度横向きなんです。

★ウメとサクラソウ

▶P79

R754c・ふるさとの花第5集［2009・12・1］

■ 河内長野高向
〒586-0036

R755c・ふるさとの花第5集［2009・12・1］

〈サクラソウ〉

■ 新大阪
〒539-8799

★天神祭

R816ab・ふるさとの祭第8集［2012・6・15］

■ 大阪天神橋三
〒530-0041

〈コウノトリ〉 ▶P81

R825a・地方自治法施行60周年［2013・1・15］

■ 豊岡小田井
〒668-0022

■ 豊岡千代田
〒668-0032

■ 豊岡高屋
〒668-0064

★ノジギク

▶P80

R739b・ふるさとの花第4集［2009・7・1］

■ 大塩
〒671-0103

R740b・ふるさとの花第4集［2009・7・1］

★淡路人形浄瑠璃

▶P99

R779ef・旅の風景 第10集［2010・10・1］

■ 淡路三原
〒656-0499

■ 福良
〒656-0502

■ 賀集
〒656-0512

★大鳴門橋

▶P83

R779gh・旅の風景 第10集［2010・10・1］

＊徳島県（P90）も参照

■ 阿万
〒656-0544

■ 阿那賀
〒656-0661

鳴門の渦潮と大鳴門橋

★鳴門の渦潮

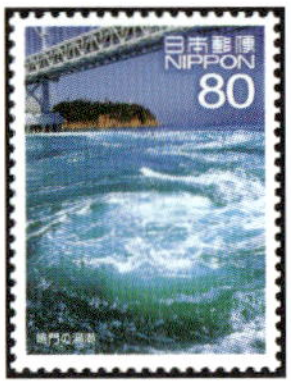

R779i・旅の風景 第10集［2010・10・1］

＊徳島県（P90）も参照

■ 南淡
〒656-0599

■ 阿那賀
〒656-0661

★メリケンパーク

▶P82

R825b・地方自治法施行60周年［2013・1・15］

■ 神戸海岸通
〒650-0024

〈神戸ポートタワー〉

■ 神戸中央
〒650-8799

■ 神戸下山手
〒650-0011

奈良

★淡路・灘黒岩水仙郷

R825e・地方自治法施行60周年［2013・1・15］

■ 淡路灘
〒656-0551

★郡山城址

R696a・近畿の城と風景［2007・6・1］

■ 大和郡山
〒639-1199

★薬師寺

R717e・ふるさと心の風景 第2集［2008・9・1］

■ 奈良西ノ京
〒630-8042

★東大寺

R731a・旅の風景 第5集［2009・3・2］

■ 奈良県庁内
〒630-8213

★マッチング作品

東大寺大仏殿のトリプルマッチ。1月の日付で気分は初詣です。

★マッチング作品

神戸ポートタワーに海洋博物館、
ザ・神戸港な組合せです。

★出石の辰鼓楼

▶P81

R825c・地方自治法施行60周年［2013・1・15］

■ 出石嶋
〒668-0205

★新舞子干潟

R825d・地方自治法施行60周年［2013・1・15］

■ 御津
〒671-1341

★ナラヤエザクラ

▶P82

R727e・ふるさとの花 第3集［2009・2・2］

■ 吉野
〒639-3199

R728e・ふるさとの花 第3集［2009・2・2］

■ 吉野上市
〒639-3111

R759a・地方自治法施行60周年［2010・2・8］

R759e・地方自治法施行60周年［2010・2・8］

■ 吉野山
〒639-3115

R731b・旅の風景 第5集［2009・3・2］

〈二月堂〉

■ 奈良東向
〒630-8214

★興福寺

▶P83

R731c・旅の風景 第5集［2009・3・2］

■ 奈良中央
〒630-8799

■ 奈良下御門
〒630-8365

★春日大社

R731e・旅の風景 第5集［2009・3・2］

■ 奈良小川町
〒630-8233

R731f・旅の風景 第5集［2009・3・2］

★今西家書院

R731h・旅の風景 第5集［2009・3・2］

■ 今井
〒634-0812

★奈良公園

R731ij・旅の風景 第5集［2009・3・2］

奈良中央局には2007～12年、奈良支店が併存し、同図案の風景印を使用していました（P103参照）。

■ 奈良中央
〒630-8799

〈若草山〉

R731g・旅の風景 第5集［2009・3・2］

奈良支店
（廃印）

★大和三山 ▶ P84

R745ab・旅の風景 第6集［2009・8・21］

〈天香具山〉

■ 香久山
〒634-0011

〈畝傍山〉

■ 橿原
〒634-8799

■ 天理三昧田
〒632-0046

■ 畝傍
〒634-0063

★飛鳥資料館石人像

R745e・旅の風景 第6集［2009・8・21］

■ 明日香平田
〒634-0144

★石舞台古墳 ▶ P85

R745f・旅の風景 第6集［2009・8・21］

■ 明日香
〒634-0199

★ウメ ▶ P84

R723b・ふるさとの花 第2集［2008・12・1］

■ 三栖
〒646-0215

R724b・ふるさとの花 第2集［2008・12・1］

■ 南部
〒645-8799

■ 上南部
〒645-0026

R792e・国土緑化・国際森林年［2011・5・20］

■ 高城
〒645-0205

■ 奈良高畑
〒630-8301

■ 奈良小川町
〒630-8233

■ 奈良県庁内
〒630-8213

★マッチング作品

世界遺産シリーズのシート地が鹿だったので、つい組合せたくなった1枚。

春日大社境内鹿苑での鹿の角きり

和歌山

★長谷寺とボタン

R759b・地方自治法施行60周年［2010・2・8］

■ 初瀬
〒633-0112

★室生寺五重塔 ▶P85

R759d・地方自治法施行60周年［2010・2・8］

■ 室生
〒633-0499

★和歌山城

R696e・近畿の城と風景［2007・6・1］

■ 和歌山中央
〒640-8799

★ヤマザクラ

R792b・国土緑化・国際森林年［2011・5・20］

■ 高野口
〒649-7205

★コウヤマキ

R792d・国土緑化・国際森林年［2011・5・20］

■ 橋本
〒648-8799

★国際森林年ロゴマーク

R792j・国土緑化・国際森林年［2011・5・20］

■ 日高比井
〒649-1234

日高町には比井のアコウ群生地と呼ばれる場所があり、最大で樹高8m、幹周6mほどの巨樹がある。ロゴマークのイメージにピッタリでは？

“バランス感覚”が見られる「地方自治法施行60周年」

めでたい！ふるさと切手初登場

2008年にスタートし、ロングランシリーズとなっている「地方自治法施行60周年」。私が面白く感じるのは題材選びの「バランス感覚」です。

例えば第一弾の北海道では初めて函館五稜郭がふるさと切手に登場しました。全国的にも有名な五稜郭なので、やっと出てくれたかと思った方も多いはず。反対に北海道庁旧本庁舎や札幌時計台など、札幌の題材が1つも入っていないのは、既にふるさと切手で取上げているからいいや、と判断したのではないでしょうか。この1シートだけ単体で見ると、北海道を象徴するシートなのに道庁や時計台が入っていないのはおかしい気もするのですが、過去のラインナップとのバランスを図るとこうなるのでしょう。いつも同じ題材ばかり繰り返し切手にせず、もっと俯瞰して考えてほしいと思っていた私としては歓迎したい選択です。

他に当シリーズで初めてふるさと切手になった題材には、茨城県「徳川光圀」、愛知県「瀬戸焼」、奈良県「長谷寺」、栃木県「真岡鐵道」などが挙げられ、マッチング派としては「待ってました」の一言。またシート上部に置かれる大型切手（1番切手）は自動的に記念貨幣と同じ題材になりますが、ここにも佐賀県「大隈重信」、秋田県「白瀬矗」、宮城県「伊達政宗」、群馬県「富岡製糸場」、岡山県「桃太郎」、鹿児島県「縄文杉」など目新しい題材が多く、財務省はなかなか目の付け所がいいなと感じもしました。

シート地にも見られるバランス感覚

シート地にも目を向けてみましょう。当初、第一弾の北海道が、シート地と1番切手がタンチョウで連動していたため、他府県もそうなのかと思いきや、他に連動するのは熊本県の阿蘇山、鳥取県の鳥取砂丘、滋賀県の琵琶湖、岩手県の中尊寺、兵庫県の姫路城、岡山県の後楽園、静岡県の富士山、山梨県の富士山程度で、全く別の題材を採用する方が主流です。別々の題材でも構いませんが、連動しているとP6のように一体で使いやすい利点はあります。

またシート地は、いくら写真が美しくても切手ではないので、そこだけでは使用できない脇役的存在。多くの場合シート地は、京都府の大文字焼きや島根県の出雲大社など、既にふるさと切手になっている題材が選ばれており、「それらはシート地に回して、まだ一度も切手になっていない題材を切手にしよう」という、ここにも“バランス感覚”が感じられるのです。

R780・地方自治法施行60周年「愛知」
［2010・10・4］シートの地は犬山城

■ 犬山新坂
〒484-0059

初登場なのに、まさかのシート地…

でも中には例外もあります。愛知県の犬山城は初めてふるさと切手の題材に選ばれたのに、まさかのシート地！　これが切手の方に描かれていれば、犬山市内7局の風景印とマッチングできたのに…。他には高知県の四万十川、大分県の別府温泉などがこれに当たります。いずれも現地にはマッチングできそうな風景印が多数あり、いつかシート地でなく切手として陽の目を見てほしいものです。

…と、いろいろ想像で書いてきましたが、実際のところ題材選びで、こうした“バランス感覚”が意識されているのかは不明です。地方自治シリーズはまだ9県残されており、中には大阪府や東京都などの大物も残っています。東京都であればパッと思いつくのは東京駅や東京スカイツリー、東京タワー、浅草寺雷門、日本橋などですが、これらは既に多数切手になっているから回避されるのか、それとも王道で行くのか。どんなチョイスがなされるのか、楽しみであります。

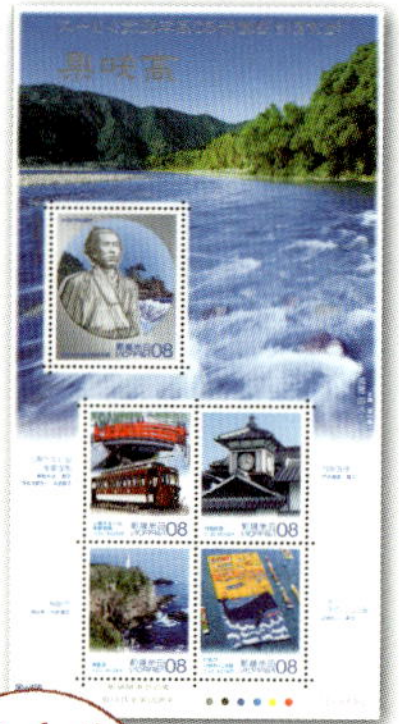

R770・地方自治法施行60周年「高知」
［2010・5・14］シートの地は四万十川

■ 川登
〒787-1220

風景印とマッチングしない切手

前巻同様、マッチング印を見つけられなかった切手を一覧で紹介します（前巻で所収しきれなかった「四国八十八ヶ所の文化遺産」のマッチングが無い切手も掲載します）。民営化以降、「国土緑化」「国民体育大会」の多種化や「ふるさと心の風景」「江戸名所と粋の浮世絵」の影響で一気に数が増えました。もし合う風景印を見つけたら筆者のブログまでお知らせ下さい。これらの中にも魅力的な図案の切手が多く、今後、風景印の新配備で新たなマッチングが誕生する可能性もありますので、注目していきましょう！

北海道

Ｒ６９３ｃ・北の動物たちⅡ・エゾモモンガ
Ｒ７１４ｄ・地方自治法施行60周年・クリオネ
Ｒ７３０ｄ・ふるさと心の風景第４集・「北の春」
Ｒ７７２ａｂ・〃第７集・「白糠線」
Ｒ８０２ｇ・旅の風景第13集・羽衣の滝
Ｒ８０２ｉ・〃第13集・エゾクロテン
Ｒ８０２ｊ・〃第13集・エゾモモンガ

岩手

Ｒ７２２ｆ・ふるさと心の風景第３集・「雪国の暮し」
Ｒ７５０ｄ・〃第６集・「人形送り」
Ｒ７６８ｄ・ふるさとの花第８集・キリ
Ｒ７６９ｄ・〃第８集・キリ
Ｒ７８２ｃｄ・ふるさと心の風景第８集・「ボンネットバス」

宮城

Ｒ７３０ｂ・ふるさと心の風景第４集・「田植えの子どもたち」
Ｒ７５６ｅ・旅の風景第７集・るーぷる仙台

秋田

Ｒ７１１ｃｄ・国土緑化・イワカガミ
Ｒ７１１ｅｆ・〃・紅葉
Ｒ７１１ｇｈ・〃・黄葉のブナ林
Ｒ７１１ｉ・〃・タニウツギ
Ｒ７８２ｅ・ふるさと心の風景第８集・「海辺の曲屋」
Ｒ７８２ｆ・〃第８集・「雪あがり」

山形

Ｒ７２２ｂ・ふるさと心の風景第３集・「新しい年」
Ｒ７５０ｇ・〃第６集・「アマハゲ」

福島

Ｒ７２２ｇ・ふるさと心の風景第３集・「顔なじみ」

茨城

Ｒ７５２ｅ・地方自治法施行60周年・土浦の花火

栃木

Ｒ７１７ｇ・ふるさと心の風景第２集・「はしゃぎ声」
Ｒ７８７ｇ・〃第９集・「麦畑」

群馬

Ｒ７３８ａ・ふるさと心の風景第５集・「雨に咲く花」
Ｒ７５０ｊ・〃第６集・「おひながゆ」
Ｒ７８７ｅｆ・〃第９集・「春の庭先」
Ｒ８３７ｃ・地方自治法施行60周年・碓氷第三橋梁

埼玉

Ｒ７８７ｃｄ・ふるさと心の風景第９集・「春風」

千葉

Ｒ７１０ｄ・ふるさと心の風景第１集・「小さな電車」
Ｒ７７８ｃ・第65回国民体育大会・馬術
Ｒ７７８ｄ・〃・山岳
Ｒ７８７ｈ・ふるさと心の風景第９集・「木立の中の家」
Ｒ８３５ｅ・旅の風景第18集・小湊鐵道
Ｒ８３５ｈ・〃第18集・いすみ鉄道
Ｒ８３５ｉ・〃第18集・銚子電鉄

神奈川

Ｒ７７１ｃ・国土緑化・クヌギ
Ｒ７７１ｉ・〃・ブナ
Ｒ７７１ｊ・〃・リンドウ

山梨

Ｒ８４３ｃ・地方自治法施行60周年・西沢渓谷

東京

Ｒ７０２ｂ・江戸名所と粋の浮世絵・「高島おひさ」
Ｒ７０２ｃ・〃・「三代目市川八百蔵の田辺文蔵」
Ｒ７０２ｆ・〃・「姿見七人化粧」

Ｒ８０２ｊ・旅の風景第13集［2011・9・9］エゾモモンガ

Ｒ７５２ｅ・地方自治法施行60周年［2009・11・4］土浦の花火

Ｒ７１０ｄ・ふるさと心の風景第1集［2008・5・2］小さな電車

Ｒ７７８ｃ・第65回国民体育大会［2010・9・24］馬術

R702g・〃・「二代目嵐龍蔵の金貸石部金吉」
R702j・〃・「江戸町一丁目 扇屋内花扇」
R715a・〃弐・「歌撰恋之部 夜毎に逢恋」
R715b・〃弐・「名所江戸百景 八つ見のはし」
R715c・〃弐・「名所江戸百景 深川万年橋」
R715d・〃弐・「四代目松本幸四郎の
山谷の肴屋五郎兵衛」
R715e・〃弐・「当時全盛美人揃 兵庫屋内花妻」
R715f・〃弐・「名所江戸百景 綾瀬川鐘か淵」
R715g・〃弐・「名所江戸百景 鉄砲洲築地門跡」
R715h・〃弐・「三代目坂東彦三郎の鷺坂左内」
R715i・〃弐・「高名美人六家撰 辰巳路考」
R715j・〃弐・「名所江戸百景 亀戸梅屋舗」
R730a・ふるさと心の風景第4集・「耕す」
R742a・江戸名所と粋の浮世絵参・
「名所江戸百景 日暮里諏訪の台」
R742b・〃参・「歌撰恋之部 物思恋」
R742c・〃参・「大谷徳治の奴袖助」
R742e・〃参・「名所江戸百景 月の岬」
R742f・〃参・「錦織歌麿形新模様 文読み」
R742g・〃参・「中島和田右衛門のぼうだら
長左衛門と中村此蔵の
船宿かな川やの権」
R742j・〃参・「袖が浦の亀吉」
R776b・〃四・「婦女人相十品 文読む女」
R776c・〃四・「名所江戸百景 神田紺屋町」
R776d・〃四・「三代沢村宗十郎の大岸蔵人」
R776f・〃四・「錦織歌麿形新模様 白うちかけ」
R776h・〃四・「谷村虎蔵の鷲塚八平次」
R776i・〃四・「名所江戸百景 上野山した」
R776j・〃四・「名所腰掛八景 ギヤマン」
R787i・ふるさと心の風景第9集・「ケヤキ並木」
R797a・江戸名所と粋の浮世絵五・
「名所江戸百景 五百羅漢さゞゐ堂」
R797b・〃五・「五美人愛嬌競 松葉屋喜瀬川」
R797d・〃五・「三代市川高麗蔵の志賀大七」
R797f・〃五・「当時三美人」
R797g・〃五・「名所江戸百景 筋違内八ツ小路」
R797h・〃五・「二代瀬川富三郎の
大岸蔵人妻やどり木」
R797j・〃五・「高名美人六家撰 扇屋花扇」
R805cd・旅の風景第14集・
表参道イルミネーション
R805e・〃第14集・表参道
R805i・〃第14集・根津美術館
R805j・〃第14集・国宝 燕子花図屏風
R812cd・〃第15集・上野恩賜公園不忍池
R838e・第68回国民体育大会・
総合開・閉会式場

■長野

R710g・ふるさと心の風景第1集・「七夕人形」
R807j・〃第10集・「雪かき」

■新潟

R691c・食と花の政令市にいがた・ル レクチエ
R747b・第64回国民体育大会・サッカー
R747c・〃・バスケット
R747d・〃・ボクシング
R849b・国土緑化・タムシバ
R849c・〃・ホオノキ
R849e・〃・ブナ
R849g・〃・イタヤカエデ

■富山

R829b・旅の風景第17集・雪の大谷
R829ef・〃第17集・弥陀ヶ原
R829h・〃第17集・オコジョ
R829i・〃第17集・チングルマ
R829j・〃第17集・大観峰

■石川

R710j・ふるさと心の風景第1集・「残暑の街」
R730j・〃第4集・「小さな郵便局」
R738h・〃第5集・「蓮の花」

■福井

R737d・国土緑化・ウワミズザクラ
R737f・〃・ユキバタツバキ
R737g・〃・トチノキ

■岐阜

R757b・ふるさとの花第6集・レンゲソウ
R758b・〃第6集・レンゲソウ
R773c・地方自治法施行60周年・横蔵寺
R820a・第67回国民体育大会・バトミントン
R820d・〃・自転車
R820e・〃・ホッケー

R702f・江戸名所と粋の浮世絵［2007・8・1］姿見七人化粧

R805j・旅の風景第14集［2011・10・21］国宝 燕子花図屏風

R691c・食と花の政令市にいがた［2007・4・2］ル レクチエ

R829b・旅の風景第17集［2013・4・16］雪の大谷

■京 都
R718b・旅の風景第1集・鳥居本
R718c・〃第1集・化野念仏寺
R718d・〃第1集・祇王寺
R718e・〃第1集・二尊院
R718f・〃第1集・落柿舎
R718g・〃第1集・常寂光寺
R720cd・〃第2集・智積院・障壁画
R720ef・〃第2集・高台寺
R720g・〃第2集・三寧坂
R720h・〃第2集・八坂の塔
R730e・ふるさと心の風景第4集・「れんげ畑」

■大 阪
R750f・ふるさと心の風景第6集・「十日戎」

■兵 庫
R738e・ふるさと心の風景第5集・「のどか」
R779cd・旅の風景第10集・あわじ花さじき
R779j・〃第10集・江埼灯台

■奈 良
R731d・旅の風景第5集・奈良国立博物館
R745cd・〃第6集・橘寺
R745gh・〃第6集・談山神社
R745ij・〃第6集・多武峯縁起絵巻
R759c・地方自治法施行60周年・
浮見堂となら燈花会

■和歌山
R750h・ふるさと心の風景第6集・「しし舞」
R792a・国土緑化・国際森林年・ヒノキ
R792c・〃・国際森林年・タブノキ
R792f・〃・国際森林年・イチイガシ
R792g・〃・国際森林年・ナギ
R792h・〃・国際森林年・オガタマノキ
R792i・〃・国際森林年・トガサワラ

■鳥 取
R722e・ふるさと心の風景第3集・「胴びき」
R833a・国土緑化・コナラ
R833b・〃・ササユリ
R833d・〃・ダイセンキャラボク
R833e・〃・スダジイ
R833i・〃・クリ
R833j・〃・ホオノキ

■島 根
R730h・ふるさと心の風景第4集・「赤い電車」

■岡 山
R762cd・旅の風景第8集・大原美術館

■広 島
R730c・ふるさと心の風景第4集・「ただいま」

■山 口
R738d・ふるさと心の風景第5集・「思い出風」
R803b・第66回国民体育大会・レスリング
R803c・〃・山岳
R803d・〃・ハンドボール
R803e・〃・軟式野球
R813c・国土緑化・イチョウ
R813g・〃・菜の花
R813i・〃・イチイガシ

■香 川
R710e・ふるさと心の風景第1集・「心の海」

■愛 媛
R746c・近代俳句のふるさと松山・
高浜虚子の句「遠山に 日の当りたる 枯野哉」
R746e・〃・河東碧梧桐の句
「さくら活けた 花屑の中から 一枝ひろふ」
R847d・地方自治法施行60周年・遊子水荷浦

■福 岡
R717i・ふるさと心の風景第2集・
「小さなスーパー」

■佐 賀
R730i・ふるさと心の風景第4集・「くど造り」
R783e・地方自治法施行60周年・唐津くんち

■長 崎
R852a・第69回国民体育大会・体操
R852c・〃・陸上競技
R852d・〃・ツクシシャクナゲ
R852e・〃・アーチェリー
R852g・〃・サッカー
R852i・〃・剣道

■大 分
R719a・第63回国民体育大会・
大分スポーツ公園九州石油ドーム
R719b・〃・フェンシング競技
R719c・〃・陸上競技400mハードル

R718f・旅の風景第1集［2008・9・1］落柿舎

R731d・旅の風景第5集［2009・3・2］奈良国立博物館

R803c・第66回国民体育大会［2011・9・30］山岳

R746e・近代俳句のふるさと松山［2009・9・1］河東碧梧桐の句「さくら活けた 花屑の中から 一枝ひろふ」

■宮 崎

Ｒ７３８ｆ・ふるさと心の風景第５集・「夕やけ」
Ｒ７６８ｅ・ふるさとの花第８集・ハマユウ
Ｒ７６９ｅ・〃第８集・ハマユウ
Ｒ８１８ｂ・地方自治法施行60周年・恋人の丘
Ｒ８１８ｅ・〃・坂元棚田

■沖 縄

Ｒ７２６ｊ・旅の風景第３集・ゆいレール
Ｒ７２９ｊ・〃第４集・慶佐次湾とマングローブ

〈四国八十八ヶ所の文化遺産〉

■徳 島

四国八十八ヶ所の文化遺産Ⅰ
Ｒ６４９ａ・霊山寺　Ｒ６４９ｂ・極楽寺
Ｒ６４９ｃ・金泉寺　Ｒ６４９ｄ・大日寺
Ｒ６４９ｅ・立江寺　Ｒ６４９ｇ・太龍寺
Ｒ６４９ｈ・平等寺

四国八十八ヶ所の文化遺産Ⅱ
Ｒ６６９ａ・地蔵寺　Ｒ６６９ｃ・十楽寺
Ｒ６６９ｄ・熊谷寺

四国八十八ヶ所の文化遺産Ⅲ
Ｒ６８３ａ・法輪寺　Ｒ６８３ｃ・藤井寺
Ｒ６８３ｐ・雲邊寺

四国八十八ヶ所の文化遺産Ⅳ
Ｒ７０３ａ・大日寺　Ｒ７０３ｂ・常楽寺
Ｒ７０３ｃ・國分寺　Ｒ７０３ｄ・観音寺
Ｒ７０４ａ・井戸寺　Ｒ７０４ｂ・恩山寺

■香 川

四国八十八ヶ所の文化遺産Ⅰ
Ｒ６４９ｑ・出釋迦寺　Ｒ６４９ｒ・甲山寺
Ｒ６４９ｔ・金倉寺

四国八十八ヶ所の文化遺産Ⅱ
Ｒ６６９ｑ・道隆寺　Ｒ６６９ｒ・郷照寺
Ｒ６６９ｓ・天皇寺　Ｒ６６９ｔ・國分寺

四国八十八ヶ所の文化遺産Ⅲ
Ｒ６８３ｑ・白峯寺　Ｒ６８３ｓ・一宮寺
Ｒ６８３ｔ・屋島寺

四国八十八ヶ所の文化遺産Ⅳ
Ｒ７０３ｍ・大興寺　Ｒ７０３ｎ・神恵院
Ｒ７０３ｏ・観音寺　Ｒ７０３ｑ・八栗寺
Ｒ７０３ｓ・長尾寺
Ｒ７０４ｇ・弥谷寺　Ｒ７０４ｈ・曼荼羅寺

■愛 媛

四国八十八ヶ所の文化遺産Ⅰ
Ｒ６４９ｍ・南光坊　Ｒ６４９ｎ・泰山寺
Ｒ６４９ｏ・栄福寺　Ｒ６４９ｐ・仙遊寺

四国八十八ヶ所の文化遺産Ⅱ
Ｒ６６９ｉ・龍光寺　Ｒ６６９ｊ・仏木寺
Ｒ６６９ｋ・明石寺　Ｒ６６９ｍ・国分寺
Ｒ６６９ｎ・横峰寺　Ｒ６６９ｏ・香園寺
Ｒ６６９ｐ・宝寿寺

四国八十八ヶ所の文化遺産Ⅲ
Ｒ６８３ｉ・岩屋寺　Ｒ６８３ｊ・浄瑠璃寺
Ｒ６８３ｋ・八坂寺　Ｒ６８３ｍ・吉祥寺
Ｒ６８３ｎ・前神寺

四国八十八ヶ所の文化遺産Ⅳ
Ｒ７０３ｉ・浄土寺　Ｒ７０３ｊ・繁多寺
Ｒ７０４ｅ・圓明寺　Ｒ７０４ｆ・延命寺
Ｒ７０４ｊ・弘法大師像

■高 知

四国八十八ヶ所の文化遺産Ⅰ
Ｒ６４９ｊ・金剛福寺　Ｒ６４９ｋ・延光寺

四国八十八ヶ所の文化遺産Ⅱ
Ｒ６６９ｆ・最御崎寺　Ｒ６６９ｇ・津照寺
Ｒ６６９ｈ・金剛頂寺

四国八十八ヶ所の文化遺産Ⅲ
Ｒ６８３ｆ・大日寺　Ｒ６８３ｇ・國分寺
Ｒ６８３ｈ・善楽寺

四国八十八ヶ所の文化遺産Ⅳ
Ｒ７０３ｅ・竹林寺　Ｒ７０３ｆ・禅師峰寺
Ｒ７０３ｇ・雪蹊寺　Ｒ７０３ｈ・種間寺
Ｒ７０４ｄ・青龍寺　Ｒ７０４ｉ・神明窟

R649g・四国八十八ヶ所の文化遺産Ⅰ［2004・11・5］太龍寺

R704h・四国八十八ヶ所の文化遺産Ⅳ［2007・8・1］曼荼羅寺

R783e・地方自治法施行60周年［2011・1・14］唐津くんち

R818b・地方自治法施行60周年［2012・8・15］恋人の丘

R726j・旅の風景第3集［2009・1・23］ゆいレール

R704j・四国八十八ヶ所の文化遺産Ⅳ［2007・8・1］弘法大師像

中国＋四国

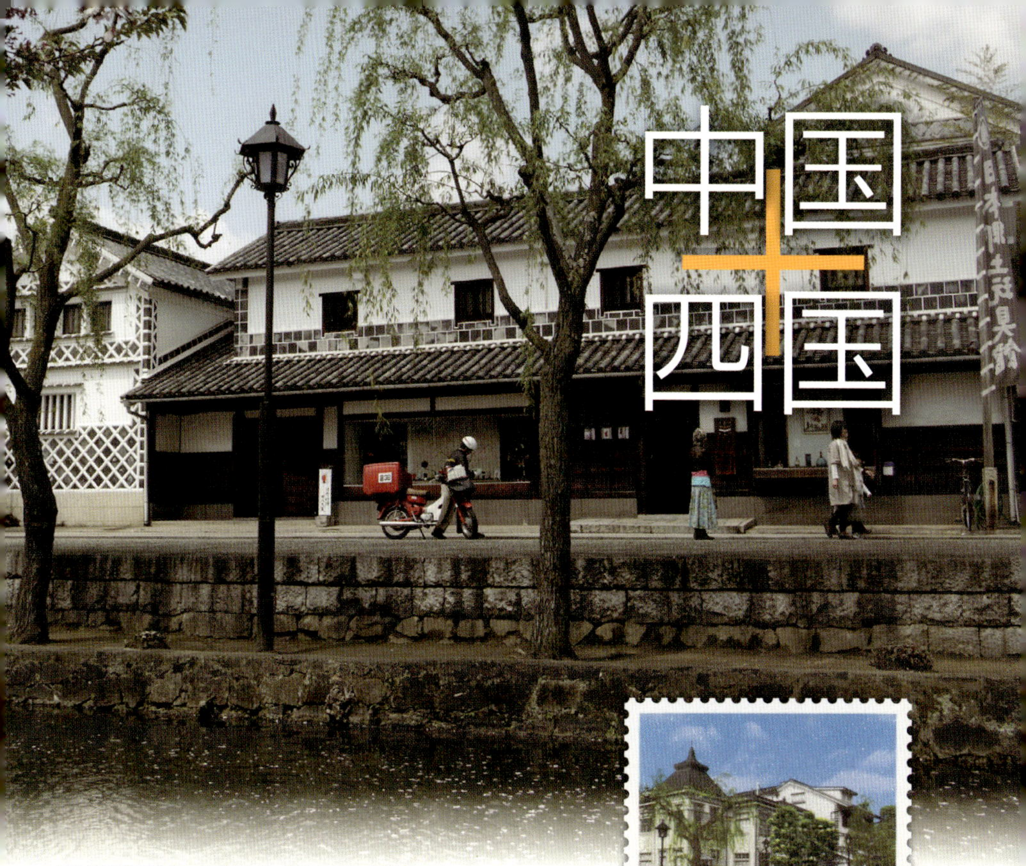

倉敷美観地区には、倉敷川畔に白壁の家や土蔵といったモノクロームの建物が並び、緑の柳並木と青い空が川面に映える。そこへ色鮮やかな赤の郵便バイクがやってきた。

2013年10月4日発行・ふるさと切手
地方自治法施行60周年・岡山「倉敷美観地区」
＋岡山・長尾局の風景印

	ふるさと切手発行種類数 （2007～2014年）	風景印数 （2015年3月末現在）
鳥取県	20種	108局
島根県	9種	151局
岡山県	15種	198局
広島県	13種	325局
山口県	19種	222局
徳島県	8種	115局
香川県	14種	88局
愛媛県	20種	219局
高知県	8種	153局

※ふるさと切手発行種類数は、「四国八十八ヶ所の文化遺産」シリーズを除いたものです。

★オシドリ

R695a・中国5県の鳥［2007・5・1］

■ 黒坂
〒689-5131

■ 根雨
〒689-4599

★マッチング作品

通常切手のMCを利用して。日野川では多い時には800羽以上のオシドリが見られるとか。

〈大山〉▶P88

■ 大山所子
〒689-3303

■ 米子
〒683-8799

★ニジッセイキナシ

▶P88

R757c・ふるさとの花 第6集［2010・2・1］

■ 美穂
〒680-1167

R758c・ふるさとの花 第6集［2010・2・1］

■ 泊
〒689-0699

R799b・地方自治法施行60周年［2011・8・15］

■ 青谷
〒689-0599

R833g・国土緑化［2013・5・24］

■ 津ノ井
〒689-1102

★ヤマザクラ

R833c・国土緑化［2013・5・24］

■ 御来屋
〒689-3299

★アヤメ

R833f・国土緑化［2013・5・24］

■ 江尾
〒689-4401

★ヤマガキ

R833h・国土緑化［2013・5・24］

■ 郡家
〒680-0499

★大山 ▶P88

R799e・地方自治法施行60周年［2011・8・15］

■ 米子浜橋
〒683-0853

■ 米子元町サンロード
〒683-0066

★流しびな ▶P88

R750i・ふるさと心の風景 第6集［2009・10・8］

■ 用瀬
〒689-1299

★マッチング作品

おなじみ高橋由美子さんから。これまた10面に1枚の貴重な切手で有難うございます！

★鳥取砂丘 ▶P89

R799a・地方自治法施行60周年［2011・8・15］

〈浦富海岸〉▶P89

■ 岩美
〒681-0003

★麒麟獅子

R799c・地方自治法施行60周年［2011・8・15］

★三徳山三佛寺投入堂

▶P89

R799d・地方自治法施行60周年［2011・8・15］

■ 鳥取中央
〒680-8799

■ 福部
〒689-0103

■ 岩美岩井
〒681-0024

■ 国府
〒680-0146

■ 三朝
〒682-0199

島根

★松江城 ▶P90

R725c・地方自治法施行60周年［2008・12・8］

〈松江城と白鳥〉

R695b・中国5県の鳥［2007・5・1］

■ 松江中央
〒690-8799

■ 松江殿町
〒690-0887

★マッチング作品

橋尾知子さんよりマステを使って。こういうピンクの使い方は男にはできないんだなあ。

★石見銀山

R725a・地方自治法施行60周年〔2008・12・8〕

■ 石見銀山大森
〒694-0399

〈ボタン〉▶P90

■ 大根島
〒690-1499

■ 馬潟
〒690-0025

★ボタン ▶P90

R763a・ふるさとの花 第7集〔2010・3・8〕

■ 来島
〒690-3499

R764a・ふるさとの花 第7集〔2010・3・8〕

■ 赤名
〒690-3511

岡山

★岡山後楽園 ▶P92

R695c・中国5県の鳥〔2007・5・1〕

R841a・地方自治法施行60周年〔2013・10・4〕

おや、切手になったネ

■ 岡山出石
〒700-0812

■ 岡山東
〒703-8799

〈桃太郎〉▶P91

■ 岡山駅前
〒700-0023

〈きじ丸〉

■ 吉備川上
〒716-0299

★線香水車

R722d・ふるさと心の風景 第3集〔2008・11・4〕

線香作りの原料はスギの葉。切手の水車小屋の背景には雪を被ったスギ林が。

〈スギ林〉

■ 津山高野
〒708-1125

★倉敷美観地区 ▶P93

R762ab・旅の風景 第8集〔2010・3・1〕

■ 倉敷
〒710-8799

■ 倉敷本町
〒710-0054

R841b・地方自治法施行60周年〔2013・10・4〕

■ 長尾
〒710-0299

★瀬戸大橋 ▶P91

旅の風景 第8集〔2010・3・1〕

＊香川県（P90）も参照

■ 下津井
〒711-0926

■ 玉野
〒706-8799

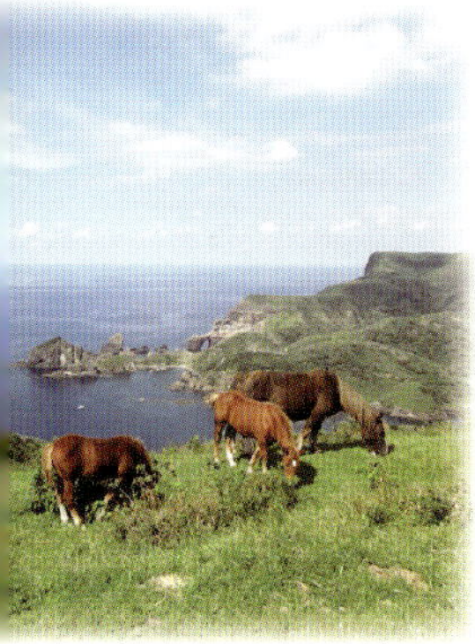

国賀海岸（隠岐諸島西ノ島）の
馬の放牧

★国賀海岸

R725b・地方自治法施行60周年［2008・12・8］

■ 浦郷
〒684-0299

★津和野 ▶P90

R725d・地方自治法施行60周年［2008・12・8］

■ 津和野
〒699-5699

★銅鐸

R725e・地方自治法施行60周年［2008・12・8］

■ 加茂
〒699-1199

★モモノハナ ▶P90

R754a・ふるさとの花第5集［2009・12・1］

■ 玉島富田
〒713-8113

R755a・ふるさとの花第5集［2009・12・1］

〈モモの実〉▶P91

■ 備前一宮
〒701-1299

■ 備前瀬戸
〒709-0899

■ 津賀
〒709-2399

■ 岡山芳賀佐山
〒701-1221

■ 津賀
〒709-2399

■ 石生
〒709-4307

■ 円城
〒709-2499

★旧閑谷学校

R841c・地方自治法施行60周年［2013・10・4］

■ 備前木谷
〒705-0035

■ 備前
〒705-8799

■ 備前伊部
〒705-0001

★蒜山高原

R841d・地方自治法施行60周年［2013・10・4］

■ 上長田
〒717-0599

■ 川上
〒717-0699

★津山城

R841e・地方自治法施行60周年〔2013・10・4〕

■ 津山
〒708-8799

■ 津山田町
〒708-0052

■ 津山坪井
〒708-0075

■ 津山川南
〒708-0886

広島

★アビ

R695d・中国5県の鳥〔2007・5・1〕

■ 広島県庁内
〒730-0011

■ 豊島
〒734-0101

★モミジ ▶P92

R739e・ふるさとの花 第4集〔2009・7・1〕

■ 広島翠一
〒734-0005

R740e・ふるさとの花 第4集〔2009・7・1〕

■ 甲田
〒739-1101

■ 広島中央
〒730-8799

■ 小田
〒739-1103

〈宮島と舞楽〉

R834a・地方自治法施行60周年〔2013・6・14〕

■ 宮島
〒739-0559

★白滝山五百羅漢

R775e・旅の風景 第9集〔2010・7・8〕

■ 重井
〒722-2102

★向上寺三重塔

R775f・旅の風景 第9集〔2010・7・8〕

■ 瀬戸田
〒722-2499

■ 瀬戸田中野
〒722-2415

★壬生の花田植 ▶P94

R834b・地方自治法施行60周年〔2013・6・14〕

■ 壬生
〒731-1515

■ 大浜
〒734-0102

★マッチング作品

田中聡美さんから。綿密な広島風景印旅を企画し、30通ほど送ってくれた内の1枚。

POST CARD
古沢　保　様
アビ（シロエリオオハム）
アビ科アビ属に分類される海鳥。
北極圏で繁殖し、日本へは越冬のため九州以北へ
冬鳥として飛来する。広島県の県鳥。
安芸灘の豊島・斎島近海ではアビが好物のイカナゴを追い、
追われたイカナゴを狙って集まる鯛やスズキを漁師が釣り上げる、という
「アビ漁」が300年もの間続けられてきた。
しかし海砂の過剰採取や大型船の航行により
アビの飛来数は激減、伝統漁は十数年前から途絶えたままである。
田中聡美

〈宮島とモミジ〉

■ もみじ
〒739-0402

★マッチング作品

集友から送ってもらった絵葉書で郵頼。もみじ局はさすがに押印が上手です。

★浄土寺

R775cd・旅の風景 第9集〔2010・7・8〕

尾道古浜
1. 3. 1

■ 尾道古浜
〒722-0002

尾道吉和
1. 3. 1

■ 尾道吉和
〒722-0006

尾道栗原
1. 3. 1

■ 尾道栗原
〒722-0026

★帝釈峡 ▶P95

R834c・地方自治法施行60周年〔2013・6・14〕

〈下帝釈〉

永野

■ 永野
〒729-3699

帝釈
27. 4. 16

■ 帝釈
〒729-5244

新坂
60. 8. 25

■ 新坂
〒720-1901

★レモン

瀬戸田中野

R834d・地方自治法施行60周年〔2013・6・14〕

■ 瀬戸田中野
〒722-2415

★鞆の浦

R834e・地方自治法施行60周年〔2013・6・14〕

■ 鞆
〒720-0299

山口

★ナベヅル

NIPPON
80
日本郵便

R695e・中国5県の鳥［2007・5・1］

■ 八代
〒745-0501

「ナベヅル」森田　基治　画
"Hooded crane"
by Motoharu MORITA
山口八代
水辺の鳥シリーズ第3集
東京中央
62 NIPPON

山口三丘
15. 4. 21

■ 三丘
〒745-0631

山口
熊毛
61. 9. 27

■ 熊毛
〒745-0662

★マッチング作品

水辺の鳥シリーズのMCを使って。

★セーリング

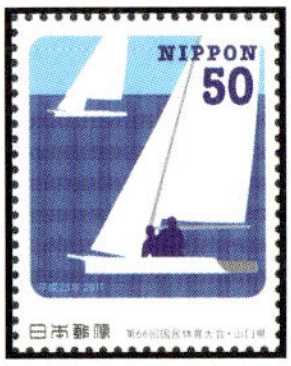
NIPPON
50
日本郵便

R803a・第66回国民体育大会［2011・9・30］

山口豊浦室津
7. 7. 5

■ 豊浦室津
〒759-6316

★ロッククライミング

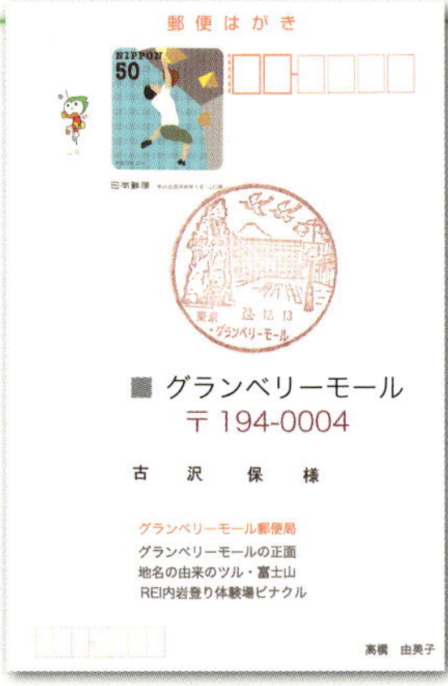
郵便はがき
NIPPON
50
日本郵便
東京
23. 12. 13
・グランベリーモール
古　沢　保　様
グランベリーモール郵便局
グランベリーモールの正面
地名の由来のツル・富士山
REI内岩登り体験場ピナクル
髙橋　由美子

■ グランベリーモール
〒194-0004

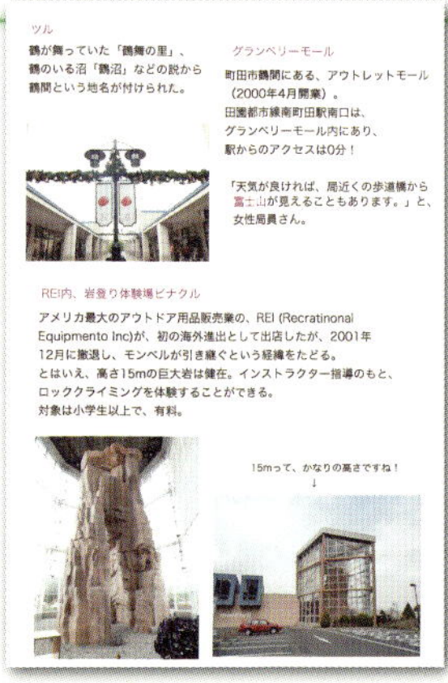
ツル
鶴が舞っていた「鶴舞の里」、
鶴のいる沼「鶴沼」などの説から
鶴間という地名が付けられた。
グランベリーモール
町田市鶴間にある、アウトレットモール
（2000年4月開業）。
田園都市線南町田駅南口は、
グランベリーモール内にあり、
駅からのアクセスは0分！
「天気が良ければ、局近くの歩道橋から
富士山が見えることもあります。」と、
女性局員さん。
REI内、岩登り体験場ピナクル
アメリカ最大のアウトドア用品販売業の、REI (Recratinonal
Equipmento Inc)が、初の海外進出として出店したが、2001年
12月に撤退し、モンベルが引き継ぐという経緯をたどる。
とはいえ、高さ15mの巨大岩は健在。インストラクター指導のもと、
ロッククライミングを体験することができる。
対象は小学生以上で、有料。
15mって、かなりの高さですね！
↓

★イロハモミジ

50
NIPPON
日本郵便
山口弥富
25. 11. 5

R813b・国土緑化［2012・5・25］

■ 弥富
〒759-3399

山口由宇
60. 6. 10

■ 由宇
〒740-1499

★ヤブツバキ

2012
NIPPON
50
日本郵便
山口
萩越ケ浜
26. 3. 11

R813d・国土緑化［2012・5・25］

■ 萩越ケ浜
〒758-0011

★アカマツ

2012
NIPPON
50
日本郵便
光
26. 1. 8

R813f・国土緑化［2012・5・25］

■ 光
〒743-8799

★ナツミカン
▶P97

R785d・ふるさとの花 第9集［2011・2・8］

■ 萩平安古
〒758-0074

R786d・ふるさとの花 第9集［2011・2・8］

■ 萩浜崎
〒758-0022

R813e・国土緑化［2012・5・25］

■ 萩
〒758-8799

ナツミカンノハナ

コラム

人工ロッククライミング

マッチングが難しい国体切手シリーズ。高橋由美子さんが送ってくれた東京のグランベリーモール局には、ロッククライミングの練習ができる高さ15mの人造の岩場があるのです。私も見たことありますが、屋内にそそり立つ不思議な存在感。葉書の裏面には見学ルポ付きです。今度はぜひよじ登って、体験ルポ付きでお願いします！

★クスノキ

R813a・国土緑化［2012・5・25］

■ 船木
〒757-0216

■ 豊浦
〒759-6399

■ 防府三田尻
〒747-0814

〈クロマツ〉

■ 平生
〒742-1199

■ 光浅江
〒743-0021

★ヒノキ

R813h・国土緑化［2012・5・25］

■ 高森
〒742-0499

★サクラ

R813j・国土緑化［2012・5・25］

■ 向道
〒745-0241

■ 防府錦橋
〒747-0825

■ 岩国
〒740-8799

中国

徳島

★阿波おどり

▶P98

R716e・ふるさとの祭 第1集［2008・8・1］

■ 徳島県庁内
〒770-0941

R716f・ふるさとの祭 第1集［2008・8・1］

■ 徳島昭和
〒770-0942

■ 徳島蔵本
〒770-0042

■ 徳島駅前
〒770-0834

■ 徳島住吉
〒770-0861

★大鳴門橋

▶P99

R779g・旅の風景 第10集［2010・10・1］

■ 鳴門
〒772-8799

R779h・旅の風景 第10集［2010・10・1］

＊兵庫県（P71）も参照

■ 鳴門土佐泊
〒772-0053

★鳴門の渦潮

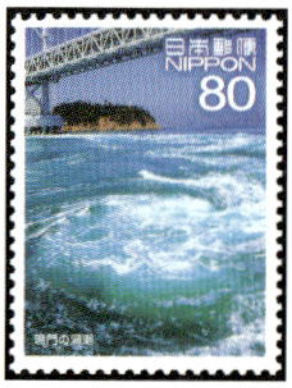

R779i・旅の風景 第10集［2010・10・1］

＊兵庫県（P72）も参照

■ 鳴門岡崎
〒772-0014

■ 鳴門高島
〒772-0051

★エゾリス

北見（旧印）

■ 北見（新印）
〒090-8799

香川

★瀬戸大橋

▶P100

R762ef・旅の風景 第8集［2010・3・1］

＊岡山県（P84）も参照

■ 高屋
〒762-0017

■ 坂出
〒762-8799

★金刀比羅宮

R762g・旅の風景 第8集［2010・3・1］

■ 琴平
〒766-8799

金刀比羅宮の本宮拝殿

★東祖谷山村

R722i・ふるさと心の風景 第3集〔2008・11・4〕

東祖谷山村は平家落人伝説の地。旧家に資料を展示した平家屋敷民俗資料館がある。

■ 東祖谷
〒778-0299

■ 落合
〒778-0202

★スダチノハナ ▶P98

R763b・ふるさとの花 第7集〔2010・3・8〕

■ 今井
〒771-3499

R764b・ふるさとの花 第7集〔2010・3・8〕

〈スダチの実〉

■ 上勝
〒771-4599

■ 佐那河内
〒771-4199

コラム

風景印は日々改廃

14年3月刊行の前巻に掲載した中で、この1年間に図案改正や廃止になった風景印があるので、報告します。一度廃止になった風景印は二度とマッチングできなくなるので、あるうちに集印しておくことの大切さを痛感しています。

●北海道「北海道庁旧本庁舎」北海道庁赤れんが前局（図案変更、旧本庁舎は存続）・前巻P6
●北海道「タンチョウ」久著路局（簡易局に変更、風景印廃止）・前巻P6
●北海道「エゾリス」北見局（図案変更、エゾリスは存続）・前巻P9
●富山「立山連峰」立山千寿ヶ原局（風景印廃止）・前巻P58
●和歌山「高野山」学文路局（図案変更、高野山は存続）・前巻P85
●香川「栗林公園」高松桜町局（局名図案変更）・前巻P101
●沖縄「ダチビン」那覇壷屋局（廃局）・前巻P119

このうち「エゾリス」はゆるキャラの「ミント君」が風景印では古いままでしたが、実際はもっと可愛くリニューアルしていました。もしかしたら前巻を見た誰かが気づいて、風景印もリニューアルを働きかけたのでは…などと想像したりして楽しんでいます。

★マッチング作品

松田俊治さんから分けてもらった戦前の絵葉書を使って郵頼。70年以上のタイムスリップです。

★讃岐富士遠望

R762h・旅の風景 第8集〔2010・3・1〕

■ 丸亀
〒763-8799

★栗林公園 ▶P101

R762 i・j・旅の風景 第8集［2010・3・1］

R851a・地方自治法施行60周年［2014・9・10］

■ 高松中央
〒760-8799

■ 高松栗林
〒760-0073

■ 高松八本松
〒760-0007

★オリーブ ▶P99

R768b・ふるさとの花 第8集［2010・4・30］

■ オリーブの島
〒761-4104

★丸亀城 ▶P100

R851c・地方自治法施行60周年［2014・9・10］

■ 丸亀城南
〒763-0073

■ 丸亀
〒763-8799

★銭形砂絵

R851d・地方自治法施行60周年［2014・9・10］

■ 観音寺
〒768-8799

愛媛

★石垣集落

R722h・ふるさと心の風景 第3集［2008・11・4］

■ 福浦
〒798-4216

★マッチング作品

金木容子さんから届いた道後温泉の絵葉書を使って郵頼。表は道後温泉本館大還暦（120周年）の小型印でした。

★道後温泉 ▶P101

R847a・地方自治法施行60周年［2014・4・17］

■ 道後
〒790-0842

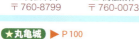

R769b・ふるさとの花第8集［2010・4・30］

R851e・地方自治法施行60周年［2014・9・10］

■ 土庄
〒761-4199

■ 坂手
〒761-4425

★平賀源内

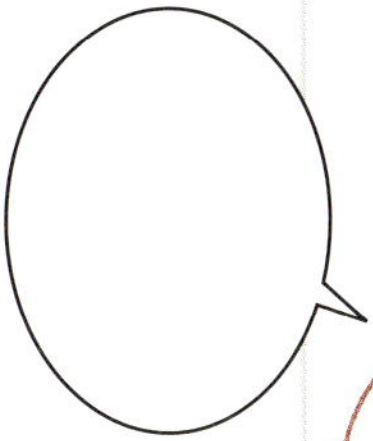

↑あなたのセンスでセリフを入れてみよう 第二弾。

R851b・地方自治法施行60周年［2014・9・10］

■ 志度
〒769-2199

★正岡子規 ▶P102

R746a・近代俳句のふるさと松山［2009・9・1］

〈句碑〉

■ 高浜
〒791-8081

★法隆寺のカキ

■ 法隆寺
〒636-0116

■ 斑鳩興留
〒636-0123

コラム 俳句の舞台をたどってみると

有名な「柿くへば鐘が鳴るなり法隆寺」は、故郷・松山で夏目漱石の下宿に滞在していた正岡子規が、東京へ戻る途中に寄った奈良で詠んだ句で、法隆寺の茶店でカキを食べたとされています。そこで奈良の法隆寺局の風景印を探したところ、同じ町の斑鳩興留局は枠がカキ型でした。県外ですが、どちらもマッチングが成立するのでは？

〈道後温泉と句碑〉

R746b・近代俳句のふるさと松山［2009・9・1］

■ 松山中央
〒790-8799

〈ミカン〉

■ 立間
〒799-3730

★夏目漱石 ▶P100

R746d・近代俳句のふるさと松山［2009・9・1］

★鹿踊り

鹿踊りの鹿

R750e・ふるさと心の風景 第6集［2009・10・8］

■ 伊方
〒796-0399

■ まつやまマドンナ
〒790-0012

■ 松山湯渡町
〒790-0862

■ 清水
〒798-1373

■ 日吉
〒798-1502

★来島海峡大橋 ▶P 102

夕景の来島海峡大橋

80 日本郵便 NIPPON
日本郵便 NIPPON 80

R775a b・旅の風景 第9集［2010・7・8］

11. 5. 10
今治室屋町

■ 今治室屋町
〒794-0022

11. 4. 26
波止浜

■ 波止浜
〒799-2199

★今治城

日本郵便 NIPPON
日本郵便 NIPPON
80
80

R775i・j・旅の風景 第9集［2010・7・8］

11. 5. 10
今治東門

■ 今治東門
〒794-0033

11. 5. 10
今治室屋町

■ 今治室屋町
〒794-0022

11. 5. 10
今治松本

■ 今治松本
〒794-0041

★マッチング作品

橋尾知子さんより旅先の今治から。観光と集印で忙しい道中、ありがとうございます！

POST CARD
80
今治松本
古沢保様
こんにちは。あと数日、27日からスタンプショウですね。一度行ってみたいと思っているのですが、今年もダメでした。残念！風景印のコーナーが盛況であることを祈っています☆
さて、母と2泊3日で松山に来ています。滞在2日目の今日は内子観光と局巡りでした。明日は松山城を観光後、今治→しまなみ街道を経て帰宅します。ハードスケジュールの上に、明日は夏のように気温があがる（最高25℃との予報）らしくて、大変な一日になりそうです…♪
2012.4.23
橋尾 知子

82 日本郵便
松山一番町

■ 松山一番町
〒790-0004

★マッチング作品

佐藤礼子さんから届いた絵葉書が良い図案だったので、切手を貼って郵頼してみました。

POST CARD
1600022
50
まつやまマドンナ
古沢保様
佐藤礼子
先日の風景印散歩、参加できず残念でした。新潟市から戻り、東京から高松へ飛び、今日は松山市に来ました。
四国は数度来ていますが、風景印の存在を知らなかったので今回数ヶ所訪ねました。マドンナ局は高島屋デパートの中でした。
2012.4.24

■ まつやまマドンナ
〒790-0012

いです。植物や歴史にも詳しく、講座では私の方が教えてもらうこともしばしば。これからもお世話の程、よろしくお願い致します。

★大山祇神社

R775g・旅の風景 第9集［2010・7・8］

■ 大三島
〒794-1399

★大三島橋 ▶P 103

R775h・旅の風景 第9集［2010・7・8］

■ 上浦
〒794-1402

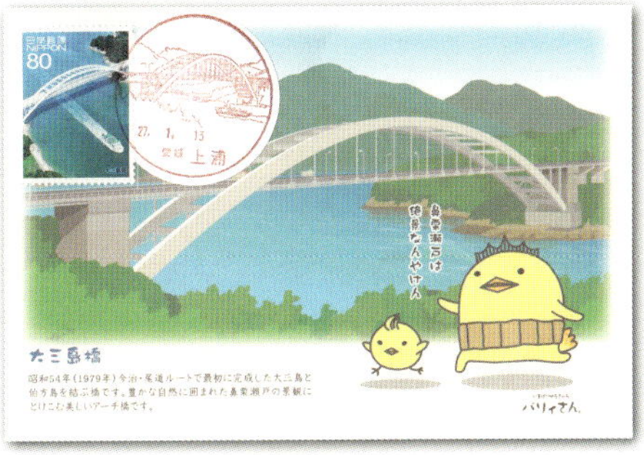

★マッチング作品

アーチ形が特徴的な大三島橋。トリプルマッチにバリィさんが賑わいを添えています。

★ミカン ▶P 101

R789b・ふるさとの花 第10集［2011・5・2］

■ 伊予
〒799-3199

R790b・ふるさとの花 第10集［2011・5・2］

■ 吉田
〒799-3799

★松山城 ▶P 102

R847b・地方自治法施行60周年［2014・4・17］

■ 松山一番町
〒790-0004

■ 松山本町
〒790-0811

■ 松山鉄砲町
〒790-0827

マッチングの達人

佐藤礼子さん

私が開講する「風景印歴史散歩講座」にもずっと参加して下さっている佐藤さん。いわゆる"乗り鉄"で、思い立ったらその日にでも出かけてしまうフットワークの良さは見習いたい、というか羨まし

★石鎚山

R847c・地方自治法施行60周年［2014・4・17］

この形が特徴的

■ 西条西田
〒793-0062

■ 小松
〒799-1199

★佐田岬灯台 ▶P 101

R847e・地方自治法施行60周年［2014・4・17］

■ 二名津
〒796-0813

高知

★野良時計

野良時計は武家屋敷などが集まった土居廓中にある。

R710i・ふるさと心の風景 第1集［2008・5・2］

〈土居廓中〉

■ 安芸土居
〒784-0042

770b・地方自治法施行60周年［2010・5・14］

■ 安芸
〒784-8799

★ヤマモモ ▶ P104

▶ P104

R754d・ふるさとの花 第5集［2009・12・1］

R755d・ふるさとの花 第5集［2009・12・1］

■ 南国
〒783-8799

■ 南国前浜
〒783-0094

★坂本龍馬と桂浜 ▶ P104

R770a・地方自治法施行60周年［2010・5・14］

■ 高知上町
〒780-0901

■ 高知桂浜
〒781-0262

〈桂浜〉

■ 高知南
〒781-0299

★はりまや橋と路面電車 ▶ P104

R770c・地方自治法施行60周年［2010・5・14］

■ 高知はりまや町
〒780-0822

〈はりまや橋〉

■ 高知本町
〒780-0870

〈路面電車〉

■ 高知旭
〒780-0935

■ 高知螢橋
〒780-0943

■ 高知新木
〒781-8104

★仁淀川紙のこいのぼり

R770d・地方自治法施行60周年［2010・5・14］

■ 伊野
〒781-2199

〈和紙〉

伊野局は和紙の手漉き、神谷局は土佐和紙工芸村が図案。

■ 神谷
〒781-2134

★足摺岬 ▶ P105

R770e・地方自治法施行60周年［2010・5・14］

■ 足摺岬
〒787-0315

九州+沖縄

心地よい風を受け、白い帆をふくらませて不知火海を滑るように進むうたせ船。その優雅な姿は目を楽しませ、船上で提供される新鮮な魚は船客を楽しませる。

2011年5月13日発行・ふるさと切手
地方自治法施行60周年・熊本「うたせ船」
+熊本・計石局の風景印

	ふるさと切手発行種類数（2007～2014年）	風景印数（2015年3月末現在）
福岡県	9種	177局
佐賀県	8種	38局
長崎県	23種	122局
熊本県	13種	105局
大分県	12種	136局
宮崎県	8種	48局
鹿児島県	8種	140局
沖縄県	35種	96局

※ 2015年3月末現在、風景印使用局の総合計数は11,083局［しらせ船内局（P 21）等、船内郵便局4局を含む。また、一時閉鎖中の郵便局は除外］。
（風景印使用局数データは武田聡さん提供）

福岡

★博多祇園山笠 ▶ P 107

R716g・ふるさとの祭 第1集［2008・8・1］

R716h・ふるさとの祭 第1集［2008・8・1］

■ 博多リバレイン内
〒812-0027

★ウメ ▶ P 107

R723d・ふるさとの花 第2集［2008・12・1］

R724d・ふるさとの花 第2集［2008・12・1］

■ 太宰府
〒818-0199

■ 筑紫野
〒818-8799

佐賀

★クスノキ ▶ P 109

R763e・ふるさとの花 第7集［2010・3・8］

R764e・ふるさとの花 第7集［2010・3・8］

■ 若木
〒843-0151

★伊万里・有田焼 ▶ P 108

R783a・地方自治法施行60周年［2011・1・14］

ボクの風景印、
佐賀にはないの？

■ 大川内
〒848-0027

■ 有田
〒844-8799

■ 蔵宿
〒849-4199

長崎

★長崎くんち ▶ P 111

R750a・ふるさと心の風景 第6集［2009・10・8］

R819i・旅の風景 第16集［2012・9・11］

■ 長崎麹屋
〒850-0871

■ 長崎新大工町
〒850-0017

★ツツジ ▶ P 110

R763c・ふるさとの花 第7集［2010・3・8］

R764c・ふるさとの花 第7集［2010・3・8］

■ 諫早
〒854-8799

■ 香焼
〒851-0310

★博多どんたく

R788a・ふるさとの祭 第6集［2011・4・4］

■ 博多北
〒812-8799

R788b・ふるさとの祭 第6集［2011・4・4］

■ 博多
〒812-0012

R788cd・ふるさとの祭 第6集［2011・4・4］

風景印には博多仁和加面という半面が描かれている。博多どんたくでもこの面が用いられる。

★吉野ヶ里遺跡

▶ P 108

R783b・地方自治法施行60周年［2011・1・14］

■ 神埼駅通
〒842-0002

■ 神埼
〒842-8799

★祐徳稲荷神社

R783c・地方自治法施行60周年［2011・1・14］

■ 祐徳神社前
〒849-1321

★インターナショナル バルーンフェスタ

▶ P 109

R783d・地方自治法施行60周年［2011・1・14］

■ 佐賀中央
〒840-8799

R852h・第69回国民体育大会［2014・9・12］

■ 雲仙
〒854-0621

★浦上天主堂

R819a・旅の風景 第16集［2012・9・11］

■ 長崎北
〒852-8799

★平和祈念像

R819b・旅の風景 第16集［2012・9・11］

■ 長崎松山
〒852-8118

長崎市の平和公園の北端に建つ北村西望作の「平和祈念像」

★眼鏡橋

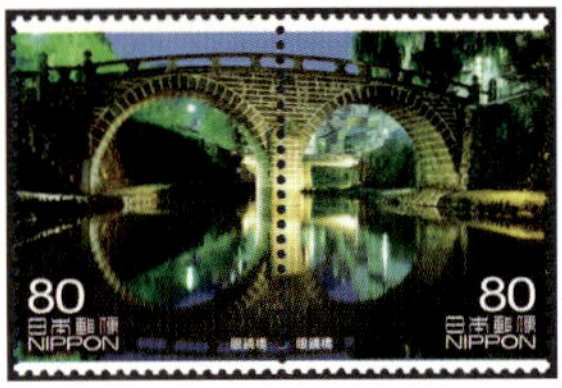

R819cd・旅の風景 第16集
［2012・9・11］

■ 長崎麹屋
〒850-0871

★長崎ランタンフェスティバル

フェスティバルは長崎新地中華街の人たちが中国の旧正月を祝う行事として始めた。

R819e・旅の風景 第16集
［2012・9・11］

■ 長崎梅香崎
〒850-0909

★崇福寺

R819f・旅の風景 第16集
［2012・9・11］

■ 長崎銅座町
〒850-0841

★アジサイ

R852b・第69回国民体育大会
［2014・9・12］

■ 長崎大橋
〒852-8134

■ 長崎中川
〒850-0013

■ 長崎女の都
〒851-2127

★カノコユリ

R852f・第69回国民体育大会
［2014・9・12］

〈オニユリ〉

■ 鹿見
〒817-1599

★ヤブツバキ

R852j・第69回国民体育大会
［2014・9・12］

■ 鶏知
〒817-0399

■ 福島
〒848-0499

R791b・地方自治法施行60周年［2011・5・13］

■ 熊本中央
〒860-8799

★マッチング作品

ポスタコレクトを使用。真っ赤な葉書が風景印のウメの花も連想させます。

深い峡谷のなかにある五木村

★グラバー園 ▶P111

R819gh・旅の風景 第16集 [2012・9・11]

■ 長崎大浦
〒850-0916

■ 長崎小曽根
〒850-0937

★長崎帆船まつり ▶P111

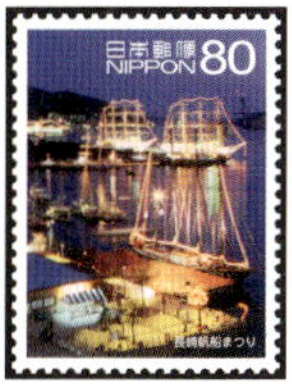

R819j・旅の風景 第16集 [2012・9・11]

長崎帆船まつりの光景

〈帆船〉

■ 長崎中央
〒850-8799

■ 土井首
〒850-0971

熊本

★熊本城 ▶P112

R705a・熊本城築城400年祭 [2007・8・1]

■ 熊本上通
〒860-0844

■ 熊本東
〒862-8799

■ 熊本平成
〒860-0834

R705b・熊本城築城400年祭 [2007・8・1]

R705c・熊本城築城400年祭 [2007・8・1]

R705d・熊本城築城400年祭 [2007・8・1]

R705e・熊本城築城400年祭 [2007・8・1]

★五木村

R717j・ふるさと心の風景 第2集 [2008・9・1]

■ 五木
〒868-0299

★リンドウ ▶P113

R739a・ふるさとの花 第4集 [2009・7・1]

■ 坊中
〒869-2299

R740a・ふるさとの花 第4集 [2009・7・1]

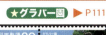

★阿蘇 ▶P113

R791a・地方自治法施行60周年〔2011・5・13〕

■ 大津
〒869-1299

■ 一の宮
〒869-2699

■ 赤水
〒869-2232

■ 熊本県庁内
〒862-0950

★鞠智城

R791c・地方自治法施行60周年〔2011・5・13〕

■ 城北
〒861-0426

★うたせ船 ▶P112

R791d・地方自治法施行60周年〔2011・5・13〕

■ 計石
〒869-5453

★天草五橋 ▶P112

R791e・地方自治法施行60周年〔2011・5・13〕

■ 大矢野
〒869-3699

■ 松島
〒861-6102

大分

★カヌー

カヌー競技は緒方川などのある豊後大野市で開催された。

R719d・第63回国民体育大会〔2008・9・26〕

■ 緒方
〒879-6699

★小鹿田焼唐臼

小鹿田焼は渓流の水を使った唐臼で原土を細かく粉砕したものを陶土にする。

R730f・ふるさと心の風景 第4集〔2009・3・2〕

■ 大鶴
〒877-1199

★ウメ ▶P112

R754e・ふるさとの花 第5集〔2009・12・1〕

■ 吉野
〒879-7899

R755e・ふるさとの花 第5集〔2009・12・1〕

マッチングの達人

山内和彦さん

前巻P39の日暮里・舎人ライナーの"風景印そっくり写真"で驚かせてくれた山内さん。毎回凝った葉書を、すごい人数に出していると聞き、行動力に脱帽です。川崎市議会の選挙活動の模様はドキュメンタリー映画「選挙」「選挙2」にもなっています。写真右はご自慢の愛息・悠喜くん。今からの英才教育で風景印コレクターとしても将来有望?!

★マッチング作品

山内和彦さんから届きました。表の80円、裏の5円、両方郵便料金ということで引受消印されています。

コラム

5年間だけの肥後大津

2007年10月1日から2012年9月30日まで、集配業務を行なう多くの局には郵便局と支店が同居していました。「大津局」の場合、滋賀県は大津中央局と大津支店、熊本県は大津局と肥後大津支店が存在するという非常にややこしいことになっていました。これが2012年10月1日に局と支店が統合され、滋賀県の大津中央局と熊本県の大津局だけというすっきりした形に戻りました。肥後大津支店の消印は5年間だけ存在した、郵政民営化の過渡期の産物なのです。

R791a・地方自治法施行60周年［2011・5・13］

肥後大津支店（廃印）

★宇佐神宮

R822a・地方自治法施行60周年［2012・11・15］

■ 宇佐
〒872-0199

★マッチング作品

高橋由美子さんから届いた手漉きのウメの絵葉書が可愛らしかったので、切手を貼ってマッチングさせてもらいました。

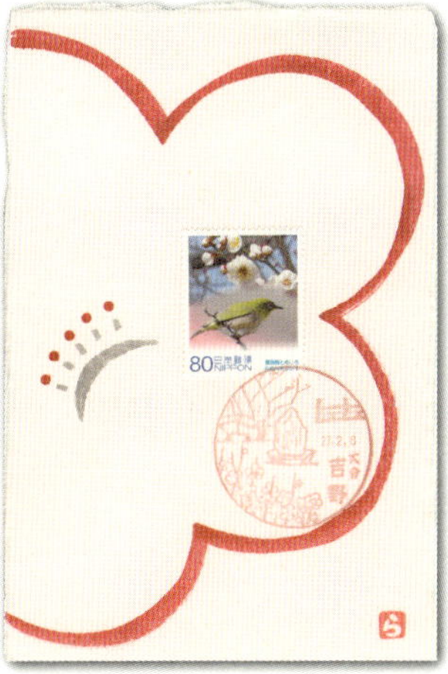

R822b・地方自治法施行60周年［2012・11・15］

■ 大山
〒887-0299

★富貴寺

R822c・地方自治法施行60周年［2012・11・15］

■ 田染
〒879-0852

★日田祇園祭 ▶P113

R822d・地方自治法施行60周年［2012・11・15］

■ 日田
〒877-8799

■ 日田隈町
〒877-0044

★豊後二見ヶ浦

R822e・地方自治法施行60周年［2012・11・15］

■ 上浦
〒879-2699

宮崎

★高千穂の夜神楽

R818a・地方自治法施行60周年［2012・8・15］

■ 高原
〒889-4499

〈フェニックス〉

■ 宮崎中央
〒880-8799

★西都原古墳群 ▶P114

R818c・地方自治法施行60周年［2012・8・15］

■ 西都
〒881-8799

★えびの高原

R818d・地方自治法施行60周年［2012・8・15］

■ えびの
〒889-4399

■ 飯野駅前
〒889-4301

★ハマユウ

R768e・ふるさとの花第8集［2010・4・30］

■ 白浜駅前（和歌山）
〒649-2201

★ゲンゲ

R757b・ふるさとの花第6集［2010・2・1］

■ 烏川（長野）
〒399-8211

★キリ

R768d・ふるさとの花第8集［2010・4・30］

■ 宮下（福島）
〒969-7599

ゲ。実は前巻刊行時点ではまだ当てが無かったのですが、長野県烏川局で発見しました。いつか自県印でマッチングできることを期待しつつ…。

コラム　あれ、これは同じ切手？

ここに並べた2枚の切手、一見同じ切手かと見まがえそうですが、宮崎県「えびの高原」と栃木県「那須高原」を描いた別の切手です。たぶん日本各地にツツジが美しい高原ってあるんでしょうね。

えびの高原　R818d・地方自治法施行60周年［2012・8・15］

那須高原　R821e・地方自治法施行60周年［2012・10・15］

ちなみに福井県「三方五湖」、鹿児島県「霧島連山」もけっこう類似しています。郵政民営化以降、写真を用いた切手が急増し、新切手の発行件数も増えています。私が写真より絵の切手が好きなせいもあるでしょうが、絵だったら似たようなツツジの名所も、違った描きようがあったかもしれないと思うのです。

三方五湖　R777c・地方自治法施行60周年［2010・8・9］

霧島連山　R846d・地方自治法施行60周年［2013・12・13］

鹿児島

★田の神祭

R750b・ふるさと心の風景第6集［2009・10・8］

原画は薩摩川内市（旧祁答院町）を描いている。鹿児島では県内各地で田の神信仰が見られる。

〈水車〉

■ 祁答院
〒895-1599

■ 藺牟田
〒895-1502

〈田の神様〉

■ 有明
〒899-7499

■ 蓮原
〒899-7599

★ミヤマキリシマ　▶P114

＊霧島連山とツツジ（P107）も参照

R785e・ふるさとの花第9集［2011・2・8］

■ 霧島神宮前
〒899-4201

R786e・ふるさとの花第9集［2011・2・8］

■ 霧島温泉
〒899-6603

コラム　県花だけど県外印

前巻でも触れた「県花なのに県内で風景印になっていない花」3種類。①岩手県のキリ②岐阜県のゲンゲ③宮崎県のハマユウは、この1年間でも新規採用が無かったので、今回も他県印で集めてみました。最も難しかったのはゲンゲ＝レン

★縄文杉

R846a・地方自治法施行60周年［2013・12・13］

■ 安房
〒891-4399

〈ヤクシマシャクナゲ〉

■ 上屋久
〒891-4299

〈永田岳〉

■ 永田
〒891-4201

写真は雨のなかの縄文杉。屋久島は日本屈指の降雨量が多い地域。

★桜島 ▶P116

R846b・地方自治法施行60周年［2013・12・13］

■ 鹿児島中央
〒890-8799

■ 鹿児島南
〒891-0199

■ 郡山
〒891-1199

■ 西桜島
〒891-1499

■ 鹿児島永吉
〒890-0023

沖縄

★出水のツル

R846e・地方自治法施行60周年［2013・12・13］

■ 米ノ津
〒899-0199

■ 高尾野
〒899-0499

■ 出水
〒899-0299

八重山諸島黒島沖合の珊瑚礁

★沖縄の海

R697a・沖縄の海［2007・6・1］

R697d・沖縄の海［2007・6・1］

★マッチング作品

前巻でも紹介した松澤由加里さんと渡辺由香さんのユニット「ハイ!レター協会」。合宿(何の?)先の沖縄から、おなじみの風景印を取り込んだユニークな絵手紙。

■ 石垣新栄
〒907-0014

■ 川平
〒907-0453

★マッチング作品

三大慎二郎さんから届いた絵葉書を見た瞬間、この切手が頭に浮かび、郵頼を。沖縄のページはカラフルできれいですねえ。

★マッチング作品

桜島の切手と西郷さんのフォルムカード。その両方が描かれた風景印で一つにまとめました。

★佐多岬

R846c・地方自治法施行60周年［2013・12・13］

〈開聞岳〉▶P117

■ 喜入
〒891-0299

■ 大泊
〒893-2604

■ 指宿北
〒891-0399

■ 大山
〒891-0514

★霧島連山とツツジ ▶P115

R846d・地方自治法施行60周年［2013・12・13］

〈霧島連山〉

■ 日当山
〒899-5115

■ 霧島西口
〒899-6507

■ 隼人
〒899-5106

R697b・沖縄の海［2007・6・1］

R697e・沖縄の海［2007・6・1］

R697c・沖縄の海［2007・6・1］

■ 渡嘉敷
〒901-3501

■ 粟国
〒901-3702

R729cdef・旅の風景 第4集［2009・2・2］

★エイサー ▶P118

R716i・ふるさとの祭第1集［2008・8・1］

■ 沖縄
〒904-8799

R716j・ふるさとの祭第1集［2008・8・1］

■ 北谷
〒904-0199

コラム 編集中に残念なお知らせ…

前の巻にも載っていたエイサー。実は当初、この国際通り局も掲載していたのですが、編集中に2014年1月10日限りで閉局が発表になったので慌てて外した経緯があります。この切手には国際通り局の図案が一番マッチしていたんですけどね、残念。

R716j・ふるさとの祭第1集［2008・8・1］

国際通り
（廃印）

★首里城 ▶P118

R726ab・旅の風景 第3集［2009・1・23］

R726f・旅の風景 第3集［2009・1・23］

R811a・地方自治法施行60周年［2012・4・13］

★マッチング作品

世界遺産シリーズのシート地はきれいなものが多いので、何か活用したい思いがあります。

■ 首里
〒903-0804

■ 首里北
〒903-8799

■ 首里当蔵
〒903-0812

■ 首里寒川
〒903-0826

★マッチング作品

おなじみポスタコレクトを利用して。真っ赤なカードに切手の青空がアクセント。

★琉球舞踊 ▶P116

R726cd・旅の風景 第3集［2009・1・23］

■ 大道
〒902-0066

★識名園 ▶P118

R726g・旅の風景 第3集［2009・1・23］

■ 那覇東
〒902-8799

■ 真和志
〒902-0071

★金城町石畳

R726h・旅の風景 第3集［2009・1・23］

■ 首里寒川
〒903-0826

★シーサー ▶P118

R726i・旅の風景 第3集［2009・1・23］

R729a・旅の風景 第4集［2009・2・2］

■ 那覇中央
〒900-8799

■ 首里当蔵
〒903-0812

★守礼門 ▶P117

R726e・旅の風景 第3集［2009・1・23］

R811b・地方自治法施行60周年［2012・4・13］

■ 牧志
〒900-0013

琉球舞踊「四つ竹」
首里城の下之御庭
（しちゃぬうなー）にて

■ 長間
〒906-0105

■ 多良間
〒906-0601

R811d・地方自治法施行60周年［2012・4・13］

★マッチング作品

広い余白があるシルエットカードだったので
２局順番に郵頼して集印しました。

もうすぐ最後のページだよ～

■ 小浜島
〒907-1221

★デイゴ ▶P117

R757d・ふるさとの花 第6集［2010・2・1］

■ 那覇中央
〒900-8799

R758d・ふるさとの花 第6集［2010・2・1］

R811e・地方自治法施行60周年［2012・4・13］

〈伊江島〉▶P119

R729b・旅の風景 第4集［2009・2・2］

美ら海水族館の海辺
から見た伊江島

■ 伊江
〒905-0503

■ 本部
〒905-0299

★マッチング作品

シーサーとデイゴの連刷切手と風景印。フォルムカードがハイビスカスでなくデイゴだったら完璧だった？

■ 那覇中央
〒900-8799

★今帰仁城跡

R729g・旅の風景 第4集［2009・2・2］

■ 今帰仁
〒905-0499

今帰仁城跡の敷地面積は首里城に匹敵する

★辺戸岬

R729i・旅の風景 第4集［2009・2・2］

■ 国頭
〒905-1499

★竹富郵便局

R738g・ふるさと心の風景 第5集［2009・6・23］

■ 竹富
〒907-1101

八重山諸島竹富島の竹富郵便局

隅田川花火大会と厩橋

★厩橋

R319・320・隅田川花火［1999・7・1］

本所二
（廃印）

■ 本所一
〒130-0004

★ヤンバルクイナ

R729h・旅の風景 第4集［2009・2・2］

■ 東
〒905-1299

★マッチング作品
特殊鳥類シリーズ第１集のMCを使って。相方のシマフクロウも前巻P10で作成しています。

名護自然動植物公園ネオパークオキナワのヤンバルクイナ

★染織物 ▶P118

R811c・地方自治法施行60周年［2012・4・13］

■ 大宜味
〒905-1306

★那覇空港

那覇空港内
（廃印）

コラム 嬉しいプレゼント

覚えていらっしゃいますか？　前巻で私が那覇空港内局のマッチングをしそびれて、誰か譲って下さ～い、と叫んでいたことを。するとその呼びかけに応じて、高砂春久さんがこのエコー葉書をプレゼントして下さいました。どうもありがとうございます。友人に見せたら「名刺サイズにカットすれば？」と言われましたが、いえいえこのまま大事に収蔵させていただきます！

★風神

R468・スポーツパラダイス大阪2001［2001・4・3］

■ 京都大和大路
〒605-0815

コラム これも見つけました

前巻を校了後に集印したのがこの風神マッチング。切手は大阪版ですが、第46回世界卓球選手権大会のポスターから引用したもので、特に風神と大阪の関連性はありません。なにしろ風神様にインパクトがあり、県外印でも気に入っているマッチングです。

またR319～320は花火にばかり注目していましたが、よく考えると三連アーチが特徴的な厩橋が本所二局とマッチしていました。同局は15年1月の移転で本所一局と改称し、風景印には花火も入りました（図版は山内和彦さんが送ってくれたマッチング作品）。これでこの切手とのマッチ度がますます高まりました。

「世界遺産シリーズ」の煽りを受けた？「旅の風景シリーズ」

金閣も銀閣も登場しない京都の「旅の風景」

ここでの考察は、「旅の風景シリーズ」京都版を調べていて「意外に風景印とのマッチングが少ないな」と感じたことから始まります。全20種の切手が発行された内、8種類しか関連する風景印が無いのでは、この切手を持って風景印旅行をしても少し物足りない気がします。

ではなぜそういう事態になったのか。考えてみれば「旅の風景」には、辛うじて清水寺は入っているものの、二条城も竜安寺石庭も平等院鳳凰堂も、鹿苑寺金閣も慈照寺銀閣も含まれていません。京都に疎い私でもパッと思いつくようなスター級の観光名所がことごとく外されているのです。それは嵐山や祇園にエリアを絞っているからだという意見もあるかもしれませんが、もう一つ注目したいのは「世界遺産シリーズ」切手の存在です。このシリーズでは01年から02年にかけて京都の切手を40種も発行しており、先に挙げたオールスターは総登場していたのです。まだその記憶が新しいうちに、1シート10種類のよく似た体裁で発行するには抵抗があったため、あえてスター級の寺社は外したのではないか。P76でも述べた〝バランス感覚〟です。

切手発行担当部署も頭を悩ませた？

さらに「旅の風景」の京都は08年9月1日と10月1日に発行していますが、「地方自治法」の京都はその直後の10月27日発行だったため、シート地に東寺五重塔を入れただけで、京都市内の寺社は一つも切手には入れないという、京都の切手にしては大胆なラインナップ。恐らくこの時は、切手発行担当部署も頭を悩ませただろうと想像します。

他にも「世界遺産」で取上げた広島、白川郷、紀伊、山陰（石見銀山）、東北（平泉）などが「旅の風景」から外されています（例外的に沖縄だけは「世界遺産」でも「旅の風景」でも「地方自治」でも同じような題材を繰り返し使っており、これぞ島んちゅの大らかさというのか、いっそ潔さを感じます）。

九州も発行してほしかった

いずれにしてもこの時期、似たようなシリーズが3つ併存していたため、題材選びに苦労したのは間違いないでしょう。中でも必ず全都道府県で発行する「地方自治」や、ユネスコに指定されてしまっている「世界遺産」の煽りを受けたのが「旅の風景」シリーズなのではないかと感じます。だからかどうかはわかりませんが、このシリーズも終盤に「富山」「千葉」というマイナーなエリアを発行して、第18集で唐突に終わりを告げています。仙台以外の東北や関東地方、信越、富山以外の北陸、東海は虫食いになっていますし、特に福岡、熊本、鹿児島などがある九州地方は発行して欲しかった地域です。「心の風景」同様、尻切れな印象があり、両シリーズであまりカバーされなかった九州を中心とする西日本が、結果的にふるさと切手の種類も少なくなってしまっているのは惜しい気がします。

第2次世界遺産シリーズより

C1801h~j・第6集 古都京都の文化財4
二条城二の丸御殿と松鷹図
[2002・2・22]

C1799i・第4集 古都京都の文化財2
平等院鳳凰堂
[2001・8・23]

C1800ij・第5集 古都京都の文化財3
鹿苑寺秋の金閣・雪の金閣
[2001・12・21]

C1801cd・第6集 古都京都の文化財4
龍安寺方丈庭園
[2002・2・22]

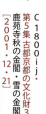

マッチング・キーワードさくいん

＊当さくいんは本書に登場するふるさと切手＋風景印のマッチング・キーワードを、50音順に整理し、掲載ページがわかるようにしたものです。ひとつのキーワードが1箇所で複数ページになる場合は、その先頭のページを示しています。

マッチング・キーワード　掲載ページ

［あ行］

［か行］

［さ行］

[な行]

[は行]

古沢 保（ふるさわ たもつ）

1971年2月26日、東京都生まれ。街歩きと芸能を中心に執筆するフリーライター。

風景印関連の著書に『東京風景印散歩３６５日・郵便局でめぐる東京の四季と雑学』(同文舘出版)『風景印散歩・東京の街並み再発見』『風景スタンプぶらぶら横浜』『風景スタンプワンダーランド』『切手女子も大注目！ふるさと切手＋風景印マッチングガイド』(日本郵趣出版) がある。これまで風景印の案内役として『東京ウォーキングマップ』(TBS) などに出演。

「日本国際切手展 2011」で風景印コーナーをコーディネートした他、「スタンプショウ」「ＪＡＰＥＸ」などの切手イベントでは「風景印の小部屋」と題した交流スペースを展開。カルチャーセンターや各種団体の依頼で、風景印と生涯学習を結びつけた講演なども行なっている。風景印を配りながら街の見どころを紹介する風景印歴史散歩講座も2010年より毎月継続中。

2015年４月現在、『かながわ風景印散歩』(神奈川新聞)『消印に刻まれた風景』(中日新聞)『風来坊、浮世絵の街を往く！ 広重「名所江戸百景」のそれから』(スタンプマガジン)『風景印★歴史散歩 古沢さんと愉快な仲間たち』(郵趣)『古沢保の風景印だより』(レターパーク)『カルチャーBOX･ＴＶ』(ＪＵＮＯＮ)『古沢保のここらで一服、テレビ雑談』(Komachi など) を連載中。

ブログ「風景印の風来坊」
http://tokyo-fukeiin.at.webry.info/

切手男子も再注目《さいちゅうもく》！
ふるさと切手《きって》＋風景印《ふうけいいん》
マッチングガイド 2

2015 年5月1日　第1版第1刷発行

著　　者・古沢 保

発　　行・株式会社 日本郵趣出版
〒171-0031　東京都豊島区目白 1-4-23
TEL　03-5951-3416（編集部直通）

発 売 元・株式会社 郵趣サービス社
〒168-8081　東京都杉並区上高井戸 3-1-9
TEL　03-3304-0111（代表）
FAX　03-3304-1770
http://www.stamaga.net/

写真提供・田中敏彦　　　風景印数データ協力・武田 聡

制　　作・株式会社 日本郵趣出版
編　集　松永靖子　平林健史
装　丁　三浦久美子
印　　刷・シナノ株式会社

ISBN 978-4-88963-783-0 C0076　Printed in Japan
2015年(平成27年) 3月17日　郵模第2514号

※本書内のデータは2015年３月現在のものです。

日本郵趣出版・風景スタンプの本

風景印収集に旋風を巻き起こした マッチングガイド第１弾！

■風景印散歩の達人、古沢 保さんがガイドする新しい収集の楽しみ、切手＋風景印のマッチング。収録のふるさと切手は、1989 ～ 2006 年発行分。「切手女子も大注目！」編、ただいま好評発売中！

■古沢 保・著

切手女子も大注目！
ふるさと切手＋風景印
マッチングガイド

■**商品番号 8163**
■**価格 本体 1,750円＋税**（荷造送料340円）
■2014年3月25日発行
■Ａ５判・並製128ページ・オールカラー

⬇本文ページより

こんなに楽しい
フォルムカード
＋切手＋風景印
マッチング！

「花嫁」＋キツネの嫁入り
この驚きのマッチング！

ステキな
マッチング作品を
多数紹介！
マッチングに熱中する
切手女子たちも
各所に登場！

日本郵趣出版・風景スタンプの本

■古沢 保・著

風景スタンプ ぷらぷら横浜

■風景スタンプに誘われ、異国情緒のみなと町を散策し、旧東海道や金沢文庫、金沢八景に歴史の面影を追い、昭和レトロの街を巡る魅力満載の“横浜編”、好評発売中！

■第１章 みなと町ヨコハマ ■第２章 旧東海道の面影をもとめて ■第３章 海沿いに金沢八景をめぐる ■第４章 昭和レトロの街

⬇本文ページより

■商品番号 8148
■価格 本体 **1,500**円＋税
（荷造送料340円）

■2011年７月28日発行
■Ａ５判・並製96ページ
（内カラー32ページ）

新・風景スタンプ集

■風景スタンプ収集の“バイブル”、全国の風景スタンプ（一部旧支店も含む）１万2,000点を収録！各地方ごとに４分冊で刊行！

［各巻とも］
■価格 本体 **1,500**円＋税
（荷造送料340円）

商品番号 8156
■**関東・甲信越版**
■2012年５月１日発行
■Ａ５判・並製208ページ

商品番号 8157 **在庫僅少**
■**北陸・東海・近畿版**
■2012年８月１日発行
■Ａ５判・並製256ページ

商品番号 8158
■**北海道・東北版**
■2012年11月15日発行
■Ａ５判・並製176ページ

商品番号 8159
■**中国・四国・九州・沖縄版**
■2013年２月15日発行
■Ａ５判・並製240ページ
＊当巻のみ巻末特典：
「全国五十音順全局索引」付き

［資料協力］友岡正孝
［図版解説協力］古沢 保